经典数学系列

[英] 卡佳坦·波斯基特　原著　[英] 菲利浦·瑞弗　绘　张　乐　译

北京出版集团
北京少年儿童出版社

著作权合同登记号
图字:01-2009-4299

图书在版编目(CIP)数据

数字：破解万物的钥匙 /（英）波斯基特（Poskitt，K.）原著；（英）瑞弗（Reeve，P.）绘；张乐译．—2 版．—北京：北京少年儿童出版社，2010. 1（2025.3 重印）
（可怕的科学・经典数学系列）
ISBN 978-7-5301-2341-6

Ⅰ．①数…　Ⅱ．①波…　②瑞…　③张…　Ⅲ．①数学—少年读物　Ⅳ．①01-49

中国版本图书馆 CIP 数据核字(2009)第 181274 号

可怕的科学・经典数学系列
数字——破解万物的钥匙
SHUZI——POJIE WANWU DE YAOSHI
［英］卡佳坦・波斯基特　原著
［英］菲利浦・瑞弗　绘
张　乐　译
*
北京出版集团
北京少年儿童出版社　出版
（北京北三环中路6号）
邮政编码:100120
网　址：www．bph．com．cn
北京少年儿童出版社发行
新华书店经销
北京雁林吉兆印刷有限公司印刷
*
787 毫米×1092 毫米　16 开本　11 印张　133 千字
2010 年 1 月第 2 版　2025 年 3 月第 79 次印刷
ISBN 978-7-5301-2341-6
定价：29.00 元
如有印装质量问题，由本社负责调换
质量监督电话：010-58572171

目录

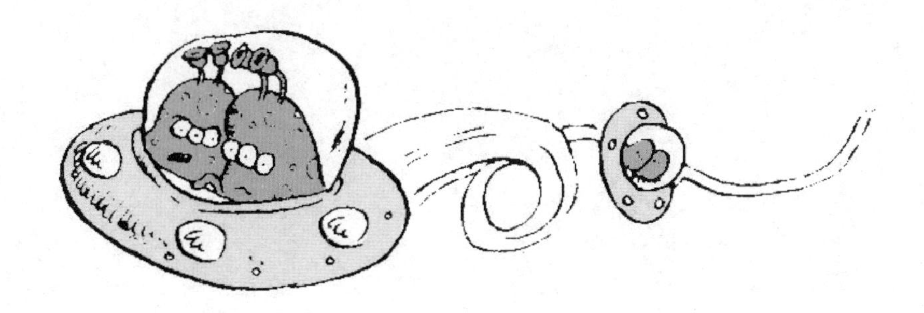

终极之开始

可怜的小月亮在星空中剧烈震荡，震耳欲聋的声音再次响起，几百万公里之外都能听见：

“把音响声音调高一些，准备好了吗？OK！开始测试。”

当然，月亮不会真的听到来自地球闹哄哄的声音，因为在真空中声音是不能传播的。像山峰一样大的音响系统将破坏行星引力场，这最终会把可怜的小月亮撕成碎片。

“一切都正常。好了，可以让观众入场了。”

宇宙中最伟大的摇滚乐队正在举行他们的最后一场音乐告别晚会，尼布拉克斯乐队准备为每一种生灵——不管他们曾经存在还是将来会诞生——奉上他们最拿手的节目。但这场音乐会也带来几个问题，其中最让人头疼的就是计算所需座位的个数。

“新的生命形式一直在不断演化，”晚会的主办者泰扎·戈登巴斯说，手不停地在计算器上按着数字，“你可以一直算下去，但总也算不到头。”

“预计会有多少观众？”她的助手沙克说。

“我算出的数是无穷多。”泰扎核对着显示屏上的数字。

“那我们需要多少座位？”

“无穷多的观众当然需要无穷多的座位啦。”泰扎说。

现在已经准备了非常多的座位——但是在全体观众入场后，沙克仓皇地冲进来，差点儿撞翻了泰扎。

“我们碰到麻烦了，主唱歌手的妈妈来了！”

“我从来就没听她说过她有妈妈！”泰扎说。

“她有，现在她拒绝表演，除非能给她妈妈找到座位。”

“可是，我们早已把无穷多的座位安排给无穷多的观众了！”泰扎大口喘着气，“不可能有比无穷多更多的座位了！”

局面很紧张，观众们开始骚动起来，乐队不肯演出，性子急的人闹了起来，事态变得非常糟糕。这种情况下唯一能说的是……

大家好！“经典数学”的爱好者们，我们又推出了一本大费脑力的数学书。
我已给您剥好了另一粒葡萄，尊贵的波斯基特。

如果你想解决泰扎的难题——即在已经满员了的无穷多的座位中再多安排一位观众，你就需要把脑筋转向数字——宇宙中最让人吃惊的事物。

公平地说，其他科目诸如历史、法语以及生物学都很有趣，但是当我们乘坐火箭，飞往遥远的银河系时，看一下会碰到什么事儿。

外星人绝对不知道这些事物是什么，坦白说，他们会感到迷惑不解。可是，当他们努力去探寻某种交流方式时，你会听到……

因此，当你去某些地方，即使当地的绝大多数东西都是琐碎无用的，你也总会发现数字其实是探索宇宙奥秘的真正的钥匙。

警告

有些人会觉得这本书很古怪，它不是一本关于算术或分数的书。这本书中充满了让你不断发出“哦”“啊”声音的东西，有时甚至会让你发出“咦”的疑惑声来。想象一下你开门时的情景，会弄出什么样的声音呢？

就是这样，你在读这本书时，也会发出这样的声音来。

让人感到神秘的是，数字似乎非常直接。你从0开始，不断地加1，不一会儿就能得出一长串儿数字，只是有个小问题——在哪儿停下呢？答案是没有终点。这数字会一直加下去——或者正如我们在数学运算中所说的那样——直到无穷大。在本书后面的章节里，我们还会碰到无穷大，但是在那之前，我们得快速浏览一下在这一过程中会遇到的数字种类。

下面是一些匪夷所思的东西，我们就从这儿开始吧。

▶ 有一个正整数，给它加上1000000，求得的答案比它乘以1000000所得的答案还大，你能猜出这个数是多少吗？这儿有一条线索——它是1，其他数字由它开始！

▶ 19 = 1 × 9+1+9， 29 = 2 × 9+2+9，类似的还有39，49，59，69，79，89和99。

▶ 你知道数字6被称作“完全数”吗？稍后，你就会知道它为什么会被称作“完全数”了。此外，为什么它能激励着人们花费数千年的时间去探寻33550336这个数？

▶ 如果你用4乘21978，答案是它的反向数，即87912。

数字
破解万物的钥匙
那一定是数学中最没用的例子了！

哦，当然不是了。如果你想要一个真正无用的例子，下面这个怎么样：

把32张多米诺骨牌摆放在棋盘上，可以有12988816种不同的方法。来，试一把，取一张棋盘和32张多米诺骨牌，每张多米诺骨牌占两个方格。如果没有多米诺骨牌，可以剪一些小的长方形纸片代替。

是啊——难道这个成绩不辉煌吗？这本书充满了如此多的极其无用的例子，我们邀请了一些评委评出了部分奖项。

你在阅读这本书的时候，一定要注意那些获奖的可怜而无用的例子，它们的提出者、优点以及它们之间的区别等等。

你可以距离它们很近，但不要让自己在里面沉溺得太深。有许多人认为自己非常聪明，因为他们可以记住过去20年来每场足球赛的比分，或者流行音乐排行榜上每首歌曲的歌词。但是，他们能用数字9来玩4个神奇的小把戏吗？

是谁想出来的数字事例

所有人都可以尝试着去寻找更新奇的数字事例（数字“古戈尔”就是1后面有100个0的数字，它是由一个9岁的孩子创造的）。对于那些用毕生的时间去探寻这些事例的人，我们称他们为“纯粹数学家”。对这样的数学家，我们永远都热爱他们。

这些快乐的数学家往往会花费许多年的时间，去寻求数字的意义以及它们是怎样串到一块儿的。他们的研究常常与一些很重大的问题联系在一起，如“为什么宇宙会存在”，等等。他们为此饱受折磨，可是即使衣袖上到处都沾着烤面包的碎屑，连鸟儿也在他们的胡须里安家落户，他们中大多数人依然会高兴地承认，他们从事的艰巨的脑力劳动可能完全是浪费时间。许多人甚至以此为荣，下面是伟大的G.H.哈代的心声：

我做的事情没一件有意义。在我所发现的东西中，没有一件已经或可能对世界文明产生影响，无论是直接的还是间接的，无论是好的还是坏的。

可怜的哈代！如果他知道他对数字的研究成果最终被敌人用于开发不可破译的大型密码系统，他该多么难过啊！

其他的数字研究结果，可以帮助人类解释宇宙是怎么产生的、弯曲的空间如何运转以及原子内部结构是什么样的。你知道蛀洞是什么吗？如果你想从太阳系飞往最近的行星（阿尔法人马座），即使是以光速行进，也需要近4.5年的时间。但是，现代科学家们认为存在一种通路，只要穿过它就可以立即到达那儿。他们是怎样发现“蛀洞”理论的呢？当然是通过研究数字了！

奇怪的是，这些数字本身并无任何意义。如果有人告诉你，他们刚看到了数字“8”——你根本无法明白他们在谈论什么。你不能把一个数字吃进肚子里，也不能坐在它身上，或把它冲进下水道里去。

可是，我们对数字了解得越多，就越深刻地意识到我们的存在依赖着它们。谁能知道——甚至是一些“极其无用的例子”，有一天也可能被证明是极其有用的。

上面这个例子你看明白了吗？虽然这个事例似乎极其无用，但想获得无用奖章还不够资格。如果这本书中只有一个事例能在你心中被永远地记住，可能就是下面这个例子，因为它肯定是最无用的陈述之一，这是一位纯粹数学家说的：

在英语中，“4（Four）”是唯一一个字母数与自身代表的数目相同的数字。
哦，我知道了。
太棒了！
呱唧呱唧
最无用奖章
我♡算术
4
(FOUR)
1 2 3 4

斐波纳奇数列与佛格斯沃斯庄园奇迹

在高高的阁楼上，克里斯塔尔姑妈正在用碎布缝被子。缝衣针在她瘦骨嶙峋的手指间闪烁着，姑妈面露微笑，因为她知道缝在一起的不仅仅是布块。在这个庄园的某个地方，被子正在发挥着它的魔力。

在楼下大厅中，管家克鲁克正在和公爵夫人谈话。

“这件事您能肯定吗？夫人。”

“是的，”公爵夫人微笑着说，“我希望客人光临庄园时，有宾至如归的感受，把我的肖像画陈设在走廊，正好能表达出这种情感。”

克鲁克点了点头，看了一眼公爵夫人的肖像画。

“当客人开门时，看到这幅肖像画他们一定会感到亲切的。”公爵夫人高兴地说。

“那是当然！”克鲁克说。

“这幅画我倾注了极大的心血，知道吗？”公爵夫人说。

“那是肯定的。”克鲁克回答。

“可是，”公爵夫人说，“我老在琢磨这幅画像是不是有些太方了。”

“您的意思是说，方形的画像过时了？”克鲁克问。

“不是，”公爵夫人说，“画像的每一边都是两米，可是方形画像看起来不怎么顺眼。”

“那我把两边各锯掉一块儿，让它变窄一些。”克鲁克说。

“太对了。”公爵夫人说。

克鲁克取来锯子，把画像平放在大厅的桌上，几分钟后他把画像立了起来。

“现在画像是两米高、一米宽。”克鲁克说。

“嗯……”公爵夫人沉吟了一会儿，“现在看起来反而显得太长太窄了，或许把画像底部锯掉一点儿会更好些。”

“好主意，”克鲁克点头表示同意，“锯掉底部后应该能好些。”

“从距底边半米处来一刀。”公爵夫人说。

“哦，”克鲁克说，“您的意思是，把您的腿部锯掉？”

“是的。”公爵夫人说。

几分钟以后，公爵夫人说：“现在好一些，但是似乎看起来又太宽了，再把每一边锯掉10厘米。”

“只要您愿意。”克鲁克嘟囔着，把手再次伸向了锯。这个下午会很漫长……

花园里，普里姆罗斯·鲍派特一直在寻找有4片叶子的三叶草。

“告诉我，”她一边说，一边把手里握着的一小株绿色三叶草缓缓移到面前，“你们似乎都只有3片叶子。为什么会是这样？”

小小的三叶草一声不吭，只是温柔地在风中摇动，它做得很对，因为它要是发出声来，会把瘦弱的普里姆罗斯吓得魂不附体的。

“不要紧，我会发现有4个花瓣的花的。”可过了一会儿，她不得不重下结论，“多么奇怪啊！鸢尾花有3个花瓣，毛茛花有5个花瓣，至于这株玫瑰嘛……中间有8个花瓣，外边环绕着5个更大的花瓣，加起来一共是13瓣。为什么会等于这样奇怪的数字呢？”

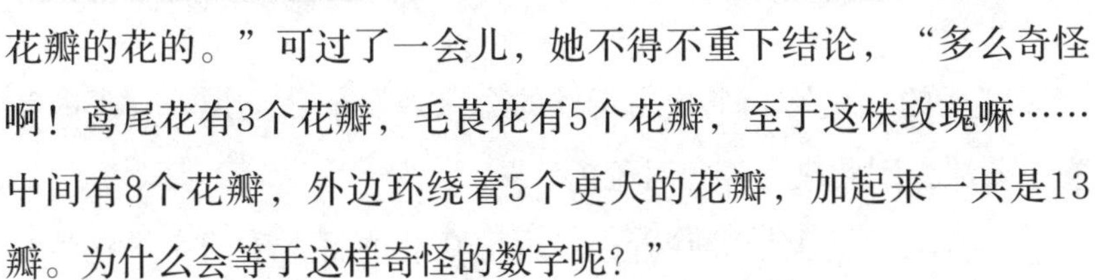

三叶草轻轻地碰了玫瑰花一下，但它们什么也没说，因为自然界中存在一些植物必须遵守的规则。其中之一是：叶子、种子和花瓣生长时必须遵从一定的数学模式——不管是花、三叶草、菠萝，还是杉树的锥形果；另一条规则是：不能和人说话，否则会吓到他们。

“嗨哩哩啦啦，”普里姆罗斯一边唱着歌，一边把花放在篮子里，“我想把你们都粘在我的收集册里，然后在四周画上小精灵，你们看起来多么漂亮啊！”

花还是一言不发，可是，孩子，它动心了，这确实非常具有诱惑力。

而此时，在萝卜地边上的谈话可没有这么感人。

“闷热的天气，真烦人，”上校脱口而出，“这些讨厌的兔子，到处都是！”

“对不起，老朋友，”罗德尼·邦德从园圃的棚子里钻出来，“我刚才正在想，这个兔子养殖场可能会让我发笔小财。”

“是的，我的一个相当奇妙的念头。”罗德尼说，“那时我囊中羞涩，因此决定养一对兔子。”

“一对？”上校呻吟着，“可现在有成百上千的兔子在啃我的蔬菜。”

“这些淘气的家伙。”罗德尼边说边掏出笔记本核查，“兔子喜欢拖着东西在兔宝宝前乱跑，就像现在这个场面，因此我老是不断地追踪它们。去年12月开始，我养了第一对兔子。”

“我想，它们一定生下了许多小兔子。”上校说。

“不，实际上刚开始我有些担心，”罗德尼说，“似乎这些兔子在第一个月不会下崽儿，所以到1月时我没得到新出生的兔子。可是，在第二个月——也就是2月，它们产下了一对兔子。在那以后，每个月都会新出生一对兔子。”

“我猜这些新出生的兔子下了更多的崽儿。”上校说。

“第一个月不是，但是以后每个月都会有新生下来的兔子，”罗德尼点头同意，“下面是兔子生崽儿的进度表。”

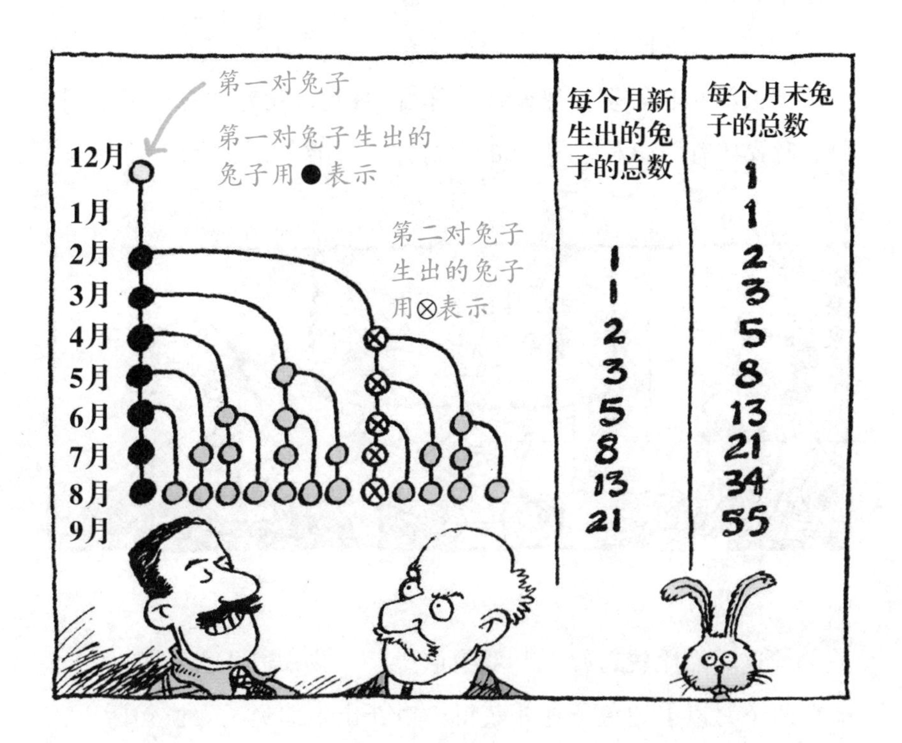

“这张图表很简单，”罗德尼说，“每个黑点代表新生出的兔子，第一对兔子在图表的顶部，在2月，它们生出一对兔子。第二对兔子在4月开始下崽儿。如果你顺着这些线，就会看到每对兔子是怎样生出更多对兔子的。每个月末，我都会数一下新生出的兔子对数，然后把它加入总数中。例如，在5月底我有8对兔子。在6月我又新添了5对，因此在6月底我总共有8+5=13对兔子。”

“但是你怎么能知道9月的兔子总数呢？”上校问，“现在还没到9月，而且你也没有把数字全部列出来。”

“我发现了一个简便的方法，”罗德尼说，“想知道任意一个月月底我会有多少兔子，只需要把上两个月的兔子总数加起来。你看，在7月时我共有21对兔子——正好等于5月和6月的兔子总数相加之和。”

“那是怎么回事？”上校问。

“很简单！”罗德尼说，“你看6月底，我有13对兔子，到7月底时我还有那13对兔子，加上7月许多新出生的兔子。”

“这一点比较巧妙，”罗德尼说，“我知道我会从每一对月龄在两个月以上的兔子那儿获得一对新出生的兔子。换句话说，在5月出生的兔子会在7月产出小兔子。”

“那么，在7月新出生兔子的数量与5月兔子的总数相等。”上校说，暗自得意自己的聪明。

“你终于明白了！”罗德尼说，“因此，把5月底兔子的总数加上6月底兔子的总数，就等于7月底的兔子总数了。”

“这一规律每个月都适用吗？”上校疑惑地问。

“每月都这样，”罗德尼说，“此外，我正准备计算一下到下一个圣诞节时我会有多少只兔子！”

“我需要做的，就是把10月和11月的兔子数加在一块儿。”罗德尼说着，用一截粉笔在小棚子的墙上算着：28657+46368 = 75025。

“你的意思是说，到时会有75025只兔子啃我的萝卜？”上校喘着粗气说。

“呃……不会的。”罗德尼说。

“很高兴听到这个回答。”上校说。

“实际上，是有75025对兔子！”

直到那天深夜，上校还一直兴奋着。那天晚上，全家人都聚在藏书室里，用赞叹的目光盯着姑妈缝的那条被子。

“多么有趣的方式，姑妈。”普里姆罗斯说，“布块全都是方的，而且变得越来越大。”

“开始，我在中间缝了两块小方布，”克里斯塔尔姑妈说，“然后，我沿着两块布边缝了一块大的方布，其后我沿着另一边缝了一块更大的方布，这样不断缝下去。”

“方布上的数字是什么意思？”罗德尼问。

“那表示每块方布的边长是多少。”克里斯塔尔姑妈笑着说，“不过，你们真的对这些数字都十分熟悉吗？”

“我看到有一块方布上标有数字3，”普里姆罗斯注意到了，

“然后是5，8，再后是13……天哪！和我手中花儿的花瓣数目相似。”

“伟大的布料，”上校喊道，“这和那些爆炸般繁殖的兔子很相像。在前几个月内，他从只有1对兔子，然后是2对，其后是3对，再后是5对……”

“……然后我就有8对兔子，再后是13对！”罗德尼喘着气说，“太让人吃惊了！”

只有公爵夫人保持沉默。

“你看起来置身事外，亲爱的。”克里斯塔尔姑妈说。

“今天我没有干与数字有关的活儿，”公爵夫人点头说，“所以你的被子没有触动我。”

“但是瞧它的形状！”克里斯塔尔咯咯笑着说。

“你说得对！”公爵夫人的气息粗起来，“你的被子的形状和我的肖像画的形状几乎一模一样！”

“但这和被子有什么关系？”他们齐声问。

“答案在这儿！”克里斯塔尔姑妈指着缝在被子底部的标记说。

黄金比例与完美长方形

Φ 这个符号读作“fai”，代表一个很特殊的数字——一直以来被称为黄金比例、黄金分割或神圣比例：

$\Phi = 1.6180339887498948482045868343656\cdots$

哟！要记住这么长的数字可需要一个好记性，不过它有一个计算公式：

$$\Phi = \frac{\sqrt{5}+1}{2}$$

在计算器上试着计算一下吧。

Φ有几个很不错的小技巧。想求它的平方，只需在Φ上加1；想求它的倒数（换句话说，就是把它化为分数），只需把Φ减1：$\Phi^2 = \Phi+1$，$1 \div \Phi = \Phi-1$。

咱们不妨算一下：

$1.6180339887 \times 1.6180339887 \approx 2.6180339858$

$1 \div 1.6180339887 \approx 0.6180339888$

在计算器上键入Φ值，然后连续按下×=两个键把它平方（如果你的计算器有x^2键，则只需按这个键）。你看到两个有什么区别了吗？如果你的计算器有$1/x$键，你也可把Φ值键入，然后按$1/x$键（有时，连续按÷=键可以得到同样的结果）。

但为什么叫它“黄金比例”呢？原来，几千年以来，人们一直都在不断地画着各种形状和不同尺寸的长方形。终于，在几个世纪前，人们找到了他们最喜欢的其中的某一个形状，这个长方形既不是矮而胖，也不是长而瘦。从下面的长方形中挑出你认为最喜欢的一个，看看你和我们的专家组意见一致吗？

当然这只是个人喜好的问题，但总体上人们都认为“c”是个完美的长方形。如果你测量一下它的长和宽，然后用长除以宽，你就

会求得黄金比例Φ。很凑巧，本书的形状也近似完美长方形，只不过略显窄些。

黄金比例也可以转化为其他形状。毕达哥拉斯［（公元前580？—公元前500？）古希腊哲学家、数学家］和他的同事们对于五角星非常地迷恋：如果以AX为长，以XB为宽，所得的长方形就是完美长方形；如果以AB为长，以AX为宽，则可以得到一个更大的完美长方形。

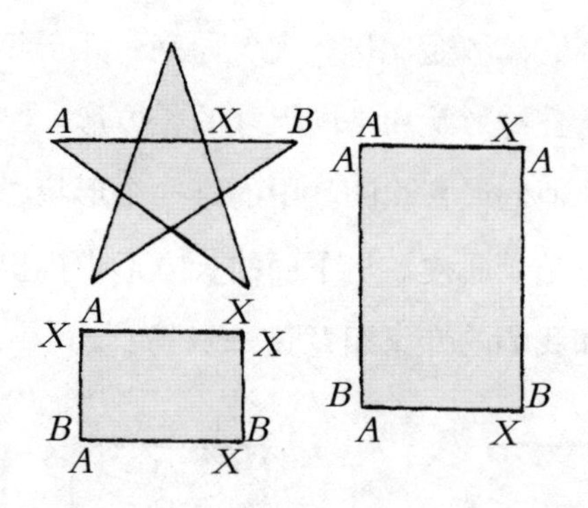

这儿有一个画完美长方形的简便方法：

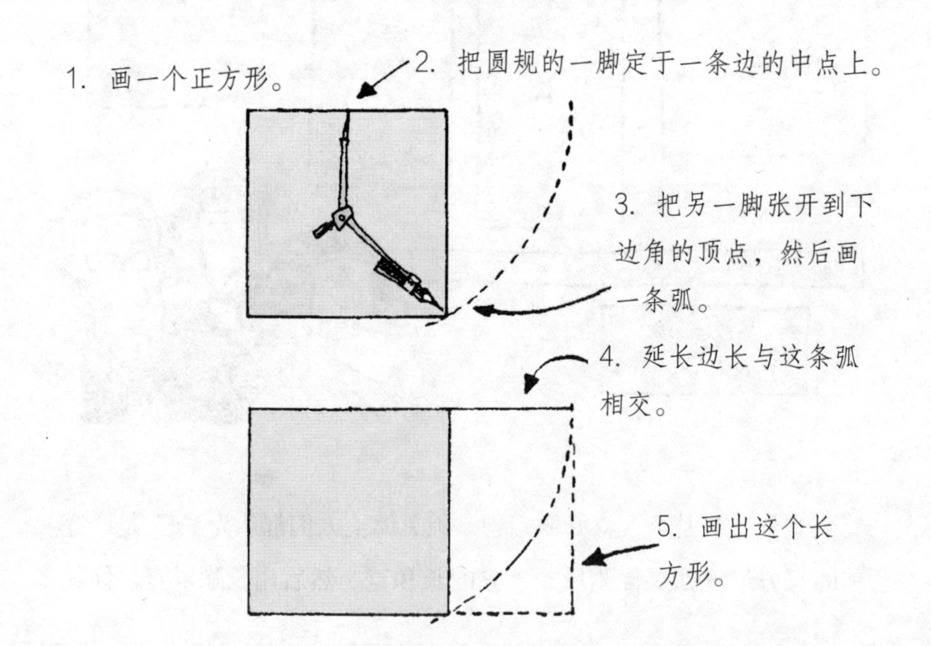

1. 画一个正方形。
2. 把圆规的一脚定于一条边的中点上。
3. 把另一脚张开到下边角的顶点，然后画一条弧。
4. 延长边长与这条弧相交。
5. 画出这个长方形。

这个大长方形是一个完美的长方形，并且，如果我们切掉刚才画的正方形，剩下的小长方形也是一个完美的长方形，甚至可以用一张长纸条折出完美长方形来：

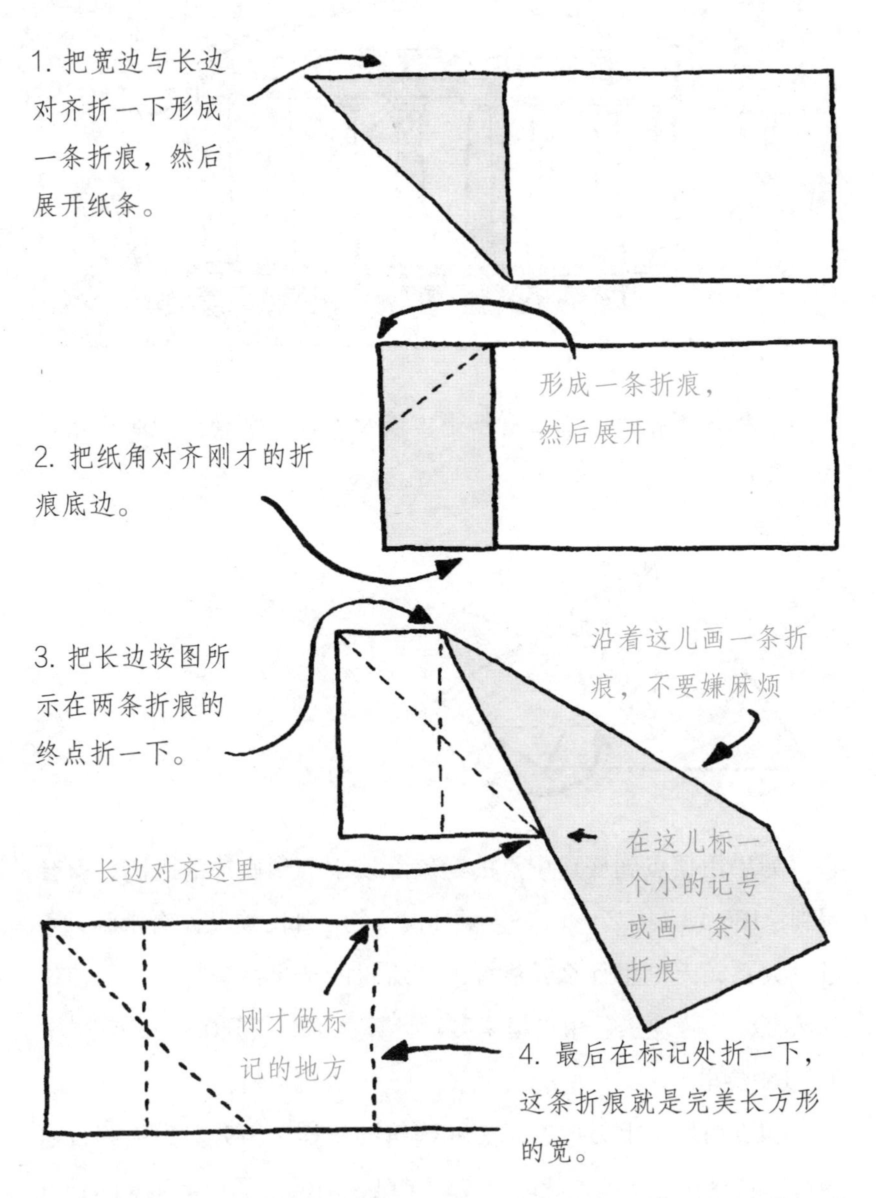

1. 把宽边与长边对齐折一下形成一条折痕，然后展开纸条。
形成一条折痕，然后展开
2. 把纸角对齐刚才的折痕底边。
3. 把长边按图所示在两条折痕的终点折一下。
沿着这儿画一条折痕，不要嫌麻烦
在这儿标一个小的记号或画一条小折痕
长边对齐这里
刚才做标记的地方
4. 最后在标记处折一下，这条折痕就是完美长方形的宽。

各类著名绘画和建筑物都会应用完美长方形形状，因为这一形状看起来非常好看。

下面是雅典的帕特农神庙刚建成时的样子。

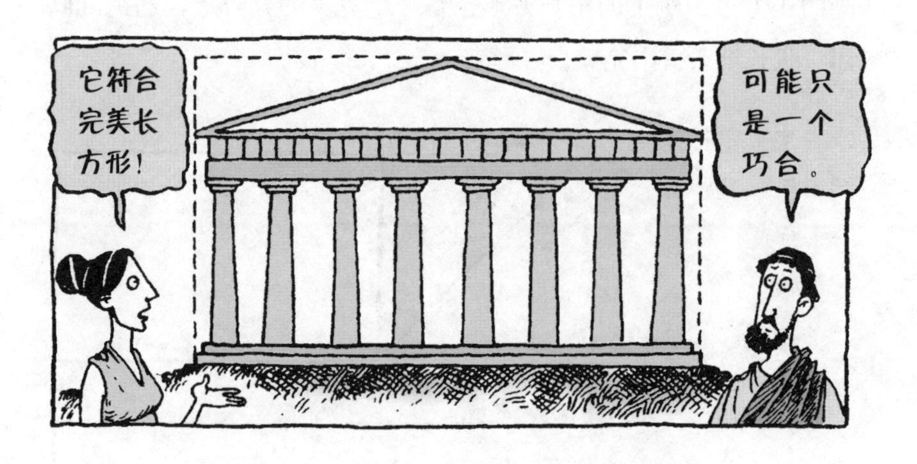

如果你不相信，那么看一下古埃及人在吉萨建的大金字塔是如何设计的：

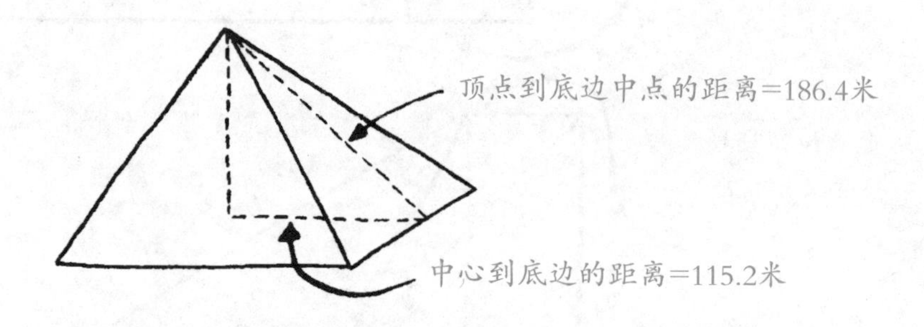

如果用顶点到底边中点的距离除以中心到底边的距离，就会得到：186.4 ÷ 115.2 ≈ 1.618。顺便说一句，那时埃及没有米制，不过没关系，无论用什么长度标准，所得的结果都一样。（即使你忽然有些头脑发热，用英里来测量计算，你会得到0.1158英里[1] ÷ 0.07159英里 ≈ 1.618。）

和以前成千上万的艺术家和建筑师一样，当公爵夫人为自己的肖像画寻找合适的形状时，发现自己逐渐做出了一个完美的长方

① 1 英里 =1609.3 米。

形。如果她测量一下画像的长和宽，用长除以宽，一定会求得一个接近1.618的数字。但这与兔子有什么关系呢？

斐波纳奇数列

里昂纳多·斐波纳奇生于800多年前，居住在意大利小镇比萨，当时正在修建著名的比萨直塔。上苍安排，两件奇特的事在同时代发生了：一件是塔身开始倾斜；另一件是斐波纳奇发现了他那著名的数列，数列是这样的：

一如我们看到的兔子数量那样，想要求得数列中的下一个数字，只要把前两个数加起来，这些数字也是克里斯塔尔姑妈被子上方布的尺寸。但是，为什么被子与公爵夫人肖像画的形状一样呢？

斐波纳奇数列具有许多奇怪的特点，其中之一是可以推算出Φ（你还记得它大约等于1.618）。我们需要做的是从数列中取两个相邻的数字，用较大的数除以较小的数。我们从数列起始处开始取两个数字，然后逐渐往后移动，看会得到什么结果：

1÷1=1　比1.618小很多

2÷1=2　比1.618大一些

3÷2=1.5　比1.618小但比较接近了

5÷3≈1.667　比1.618大但是更接近了

8÷5=1.6　比1.618恰恰小一丁点

13÷8=1.625　比1.618恰恰大一丁点

21÷13≈1.615　比1.618稍微小一丁点

34÷21≈1.619　……哦，继续！

结果要多么接近你才会相信？为了节省时间，我们只取罗德尼的兔子出生图表中最大的两个数，看看得出的数有多么接近Φ：

46368÷28657=1.6180339882

克里斯塔尔姑妈的被子的长和宽分别是55和34，两者的比55÷34的结果等于1.617647。这使得它在形状上近似于完美长方形，公爵夫人也曾制出过这一形状。

植物是怎样数数的

这是数学变得真正奇怪的地方。

如果你数一朵花儿的花瓣，大多数情况下，会是斐波纳奇数列中的一个数字。玫瑰花特别有趣，因为野生玫瑰有5个花瓣，但是一朵完整的普通玫瑰有5个花瓣围绕在外围，中间8个花瓣紧紧团成一簇。有时也会发现有6个花瓣的毛茛花，但那是因为它们的3个大花瓣，每一个又分为两瓣。甚至雏菊也很努力，有55或89个花瓣——公平地说，虽然有时数目没那么准，花瓣有时会多几瓣而有时却又少了几瓣。

当然，有许多植物似乎并不遵守这一规则，但这通常是因为有人工诱导的变异或杂交发生，或者是植物在生长期间受到阻碍。如果有一株很高的向日葵，它从种子时就一直生长在同一个盆内，看一下叶子是否由茎秆的不同高度处长出。如果确实如此，那你会发现一些有趣的事。

在茎的底部找一片叶子，想象用绳子把它系上，接着把它上边的叶子也系上，然后是系住再上面的一片叶子……每次都把绳子以最短的长度缠住茎秆。如果把底部的叶子标记为0，那么编号为5的叶子应当在它的正上方，你还会发现绳子正好绕了两圈。

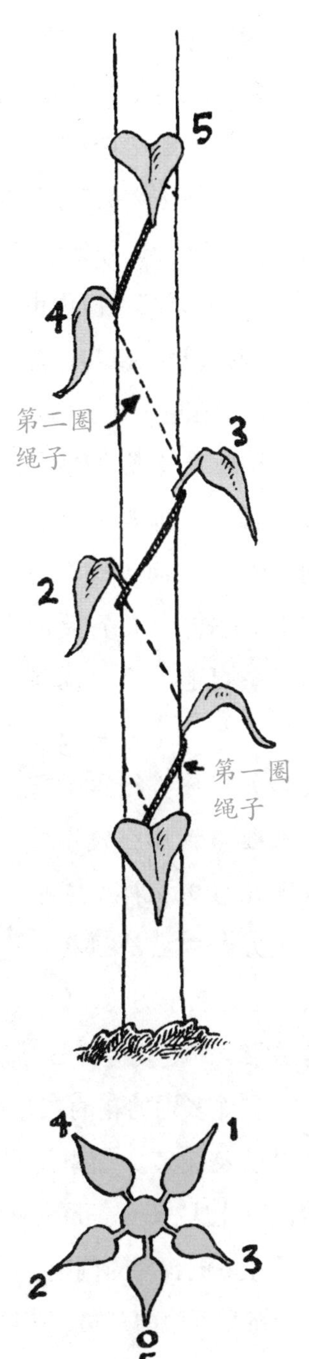

现在想象用另一根绳子来系住叶子，不过这一次反向来绕，你会发现绕了茎秆3圈。看一下我们得到的数字：2、3、5，这些数字也是按斐波纳奇数列顺序排列的。

下次你去大的花园或公园时，看一下是否能发现其他植物也有长长的茎秆，并且叶子从茎秆处长出来。有许多植物的叶子属于1—1—2系统，但你也可能发现一株2—3—5系统甚至是3—5—8系统的植物，换句话说，如果从底部的叶子数起，编号为8的叶子正好会在它的正上方。

比较难发现的是螺旋状花序。向日葵花盘中的种子按照两种模式排列，通常一个方向是34转，而另一个方向是55转。一个大的向日葵可能一个方向是55转，另一个方向为89转！如果你觉得这数起来太要命，那么较小的雏菊花盘怎么样？它们一个方向应当是21转，另一个方向是34转，但是想象一下斐波纳奇努力数数的情形吧。

有许多别的花的花盘也有斐波纳奇螺旋模式，甚至是叶子、松果以及菠萝。如果想查找更多的这类例子，请访问我们的网站，网址是：www.murderousmaths.co.uk。但在这儿，本书为你准备了许多更容易的例题：一只香蕉有几条棱？（提示：答案是斐波纳奇数列中的一员……除非是一只被压扁了的香蕉。）

鹦鹉螺

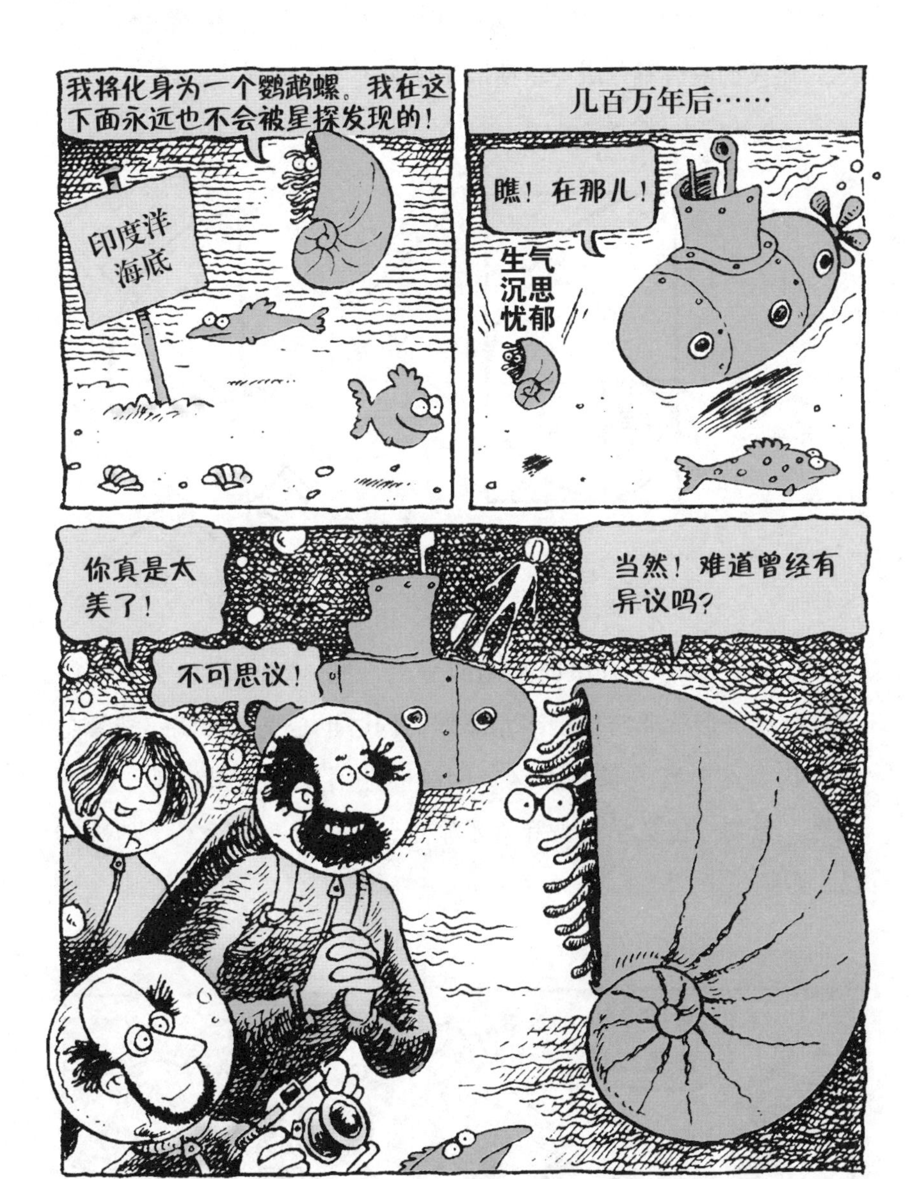

鹦鹉螺长约25厘米，它是一位巨星，这是因为随着贝壳的生长，它会长出数学中最迷人的形状之一。确实，普通蜗牛和其他

生物铆足了劲儿，也没能让自己的名字和图片出现在风靡世界的数学书中。

让我们最后看一眼克里斯塔尔姑妈被子上的样式。

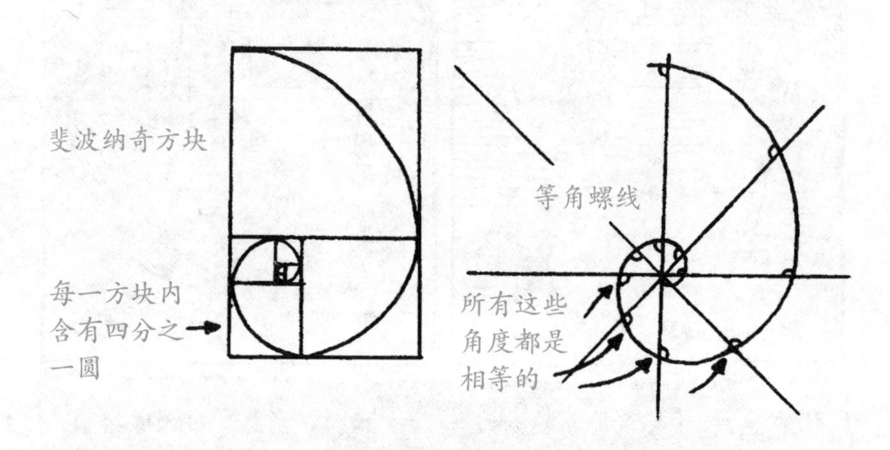

如果在每一个方块内画出四分之一圆，就会得到一个螺旋形状。这一形状非常接近等角螺线，同时也是卑微的鹦鹉螺具有的形状。这里有一条有关这一问题的坏消息，如果你是一只鹦鹉螺，看到一位数学家身穿潜水服正朝你游来，那么马上伪装自己，否则……

斐波纳奇趣事

这儿有一个有趣的实验，假设你有一大袋1分和2分硬币，你要把它们存入储钱罐中。

▶ 如果你想存入1分钱，那么只有1种放法：只能放入1枚1分硬币。

▶ 如果你想存入2分钱，会有2种放法：或者放入2枚1分硬币，或者放入1枚2分硬币。

▶ 如果你想存入3分钱，会有3种放法：可以放入3枚1分硬币；或者先放入1枚2分硬币，然后放入1枚1分硬币；又或者先放入1枚1分硬币，然后放入1枚2分硬币。

▶ 如果你想存入4分钱或5分钱，则看一下这张表：

存入钱的总额	放入方法总数	不同的方法
1	1	①
2	2	①+①　②
3	3	①+①+①　②+①　①+②
4	5	①+①+①+①　②+①+①　①+②+①　①+①+②　②+②
5	8	①+①+①+①+①　②+①+①+①　①+②+①+①　①+①+②+①　①+①+①+②　②+②+①　②+①+②　①+②+②

我的肚子快被撑破了！

既然你已经发现是斐波纳奇数列了，那就猜一下，如果要存入6分钱，会有多少种放法，把你想到的不同放法按照上面的表格写出来核对一下。如果你想把它们全部找出来，试着存入7分钱或8分钱，或更大的数额！看一下会是什么情形：

找出存入6分钱的所有放法
紧急求援
找出存入7分钱的所有放法
非常聪明
找出存入8分钱的所有放法
极其聪明
找出存入132.61英镑的所有放法
超级豪华聪明脑瓜

难以置信的斐波纳奇游戏

“经典数学”的爱好者们几乎可以用各种事例来要诡计，古老的斐波纳奇不会让我们失望的。找一个朋友做做下面的游戏：

▶ 取6个盒子，把盒子编号为1～6。

▶ 从1～9中任选两个数字（当然也可选更大的数字，如果你自认为足够聪明的话），写在纸条上，放入编号为1和2的盒子内。

▶ 把盒子1和盒子2中的数字加起来，所得结果放入盒子3内。

▶ 下一步，把盒子2和盒子3内的数字加起来，所得结果放入盒子4内。

▶ 把盒子3和盒子4中的数字加起来，所得结果放入盒子5内。

这时，你在另一张纸上写下一个数字！

- 把盒子4和盒子5中的数字加起来，所得的结果放入盒子6内。
- 最后，把6个盒子内的所有数字相加……

……看到在盒子6内的数字还没计算出来，你就已经写好了最终答案，你的朋友一定会目瞪口呆的。

其中的奥秘是：只需看一眼盒子5中的数字，把它乘4，然后写下来！

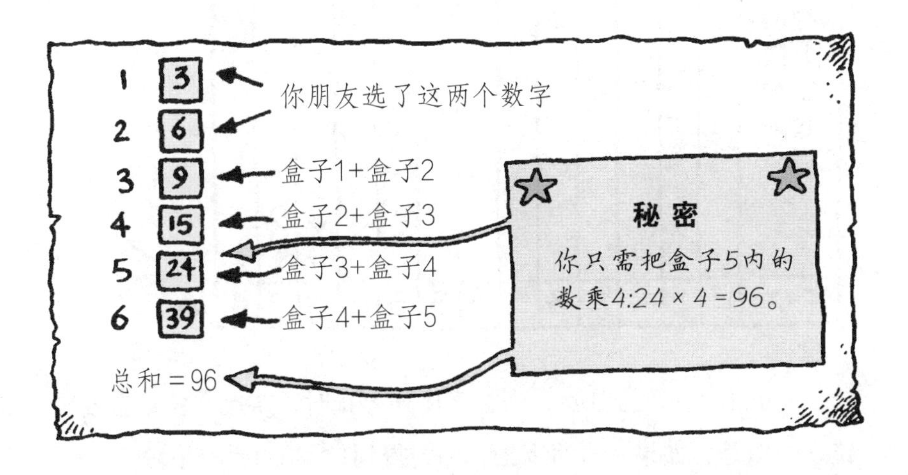

你甚至可以用10个盒子做同样的游戏，只是大脑会更晕乎。你的朋友可以任选两个数字，放入前两个盒子里，然后像前面一样把数字放入其他盒子，最后把所有盒子内的数字加起来。你看一下盒子7内的数字，把它乘11，就可求得答案。（你知道怎样快速求出一个两位数与11相乘的结果吗？把这个两位数每一位上的数字相加，结果插到这个两位数中间。$23 \times 11 = 253$，因为$2+3=5$，把5插到23中间；$79 \times 11 = 869$，因为$7+9=16$，把6插到中间，然后在7上加1。）

1 ÷ 89 = 0.01123595505617 97…

下面有一些很奇怪的事要做！在每个格子内沿对角线写下斐波纳奇数列（从0开始），然后把它们加起来。

把所有数字加起来													
	0												
		1											
			1										
				2									
					3								
						5							
							8						
							1	3					
								2	1				
									3	4			
										5	5		
											8	9	
											1	4	4
=0	0	1	1	2	3	5	9	5	5	0	5	3	4

忽略这个“3”和“4”

这儿我们只写到144，当数字序列停止时，末尾几位数会发生错误。但是，如果一直写下去，你会得到1 ÷ 89的所有小数位。

奇妙的平方数、三角（形）数和立方数

你还记得自己是什么时候开始接触数学的吗？你学会的第一件事就是从1数到10，一旦你学会数数了，你就会觉得自己非常聪明。为什么不这样认为呢？你能回答他们提出的任何疑难问题，诸如“紧跟在3后面的数是什么”，年薪百万的国际财务总监职位对你来说简直唾手可得。

但是随后，事情变得要命起来。你非凡的天才被某位巨人发现了，他比你大整整1岁，而且坐在洗手池上不会掉进去。这家伙会提一些你完全不可能回答的问题，如“5去掉2等于几？”。哇！解决这类灾难性的数学难题需要借助算子。你摆好5枚算子，然后拿走2枚，数一下剩下的算子，整整1个小时过去了，你求得了答案——3。

终于，你逐渐长大，过了用算子算数的年龄，你学会用计算器、电脑或铅笔和纸（记忆犹深的）来求和。你可能已经忘记曾经用算子算数，现在这些算子丢得到处都是：花瓶下、扶手椅后、衣柜上、猫肚子里……好半天才终于找到它们！

算子有一种解释事物的方式，而这种方式是计算器和电脑从未有过的。你会诧异它们所能告诉你的东西，以及能帮助你避免一些魔鬼般的运算。

平方数

你可能知道平方是把一个数乘它自身而求得的，可以在该数字右上方标一个小“2”来表示。因此，如果有人问你“3的平方是多少”，你可以写$3^2=3\times3=9$，这一手会让他们眼花缭乱。刚才的例子告诉我们9是3的平方。当然，你也可以倒过来做这道题。对于这一问题有3种问法，这就看你的聪明程度了：

你会注意到，平方根可以用一个特殊的符号表示，它的形状像一个有些变形的字母Z。由于某些奇怪的理由，人们很愿意画它，可能是因为如果你画得很快，会感觉自己是超级巨星，正在为追星族们签名。

在本书的第37页，我们要插入有关“37”这个奇怪的数字的一些事例。

▶ 一个简单的游戏：从1～9中任选一个数字，乘3，然后再乘37，结果是多少？

▶ 一个更简单的游戏，取一个计算器，任意输入1～9中的一个数字，然后键入×3×7×11×13×37=，你满意吗？

▶ 在3～27中任选一个数字，乘37，会得到一个三位数。很显然，这个数字可被37整除，有趣的是如果把该数字的第一位移到末位，或者把末位数字移到前面，所得的结果仍然可被37整除（例如37×17=629）。你会发现296和962都可以被37整除。

极其无用事例特别奖

▶ 你的体温应当是37摄氏度。

▶ 任选一个数字，把该数字的每一位都平方，然后加起来。不断重复这样做。得到的数字要么是以1结束，要么最后以这一顺序循环：37—58—89—145—42—20—4—16—37。

▶ 1÷37=0.027027027…

1÷27=0.037037037…

在此，我们希望你能喜欢第37页的内容，现在返回该章剩余部分。

计算器使用小技巧：你可以在计算器上键入×=快速求得一个数的平方。因此对于18^2，依次键入18×=，可立刻得出结果：324。求平方根是件比较痛苦的事儿，除非你的计算器有“√‾”键。

现在是娱乐时间

人们把平方某个数简称为“求平方”。有趣的是你可以用算子来求平方，就像这样：

这是一个正方形，每边有3枚算子，总共有9枚算子，这一切显而易见。但现在我们写下0～10间的数字并求它们的平方，结果列在下表。注意每一个平方的末位数是多少！

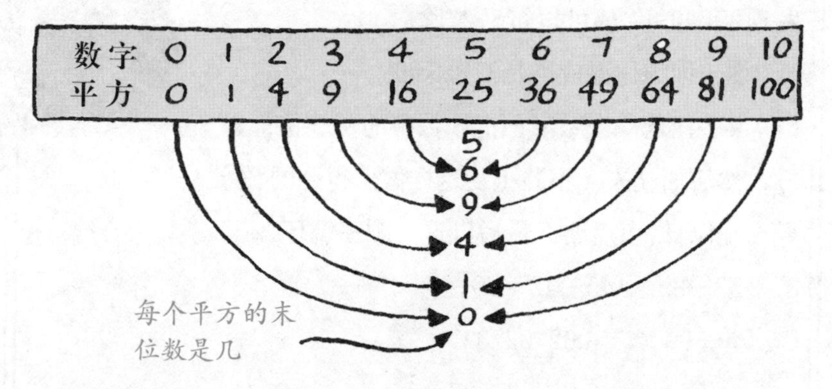

数字	0	1	2	3	4	5	6	7	8	9	10
平方	0	1	4	9	16	25	36	49	64	81	100

末位数按照一种固定的方式变化：0—1—4—9—6—5—6—9—4—1—0。如果你写出10～20这些数字的平方，也会遵循同样方式！

数字	10	11	12	13	14	15	16	17	18	19	20
平方	100	121	144	169	196	225	256	289	324	361	400

这一规律会始终起作用，因为一个平方数的末位数只取决于所要平方的数字的末位数。因此……

所要平方的数字的末位数	平方后的数字的末（两）位数
0	00
1	1
2	4
3	9
4	6
5	25
6	6
7	9
8	4
9	1

假如有人让你在脑中默算出578908^2。哇，这太难了！但是有一点你可以直接告诉他——答案的末位数一定是4。以5结尾的数字更让人激动，因为如果有人问你74995^2是多少，你知道末尾两位数一定是25。

令人不寒而栗的一点是，就连没有大脑的小小塑料算子，也会意识到必须遵守这一规则。因此，如果发生了这样的事……

我刚才用算子求得一个数的平方为718。

……你会立刻知道她在撒谎，因为算子不会让一个数的平方以8结尾。

求更大的平方数

首先让我们求3×3的平方，需要9枚算子。现在把它变为4×4的平方，还需要多少枚算子？

首先沿着底边放3枚算子，让它变成长方形。然后在右边放4枚算子，就完成这个正方形了。

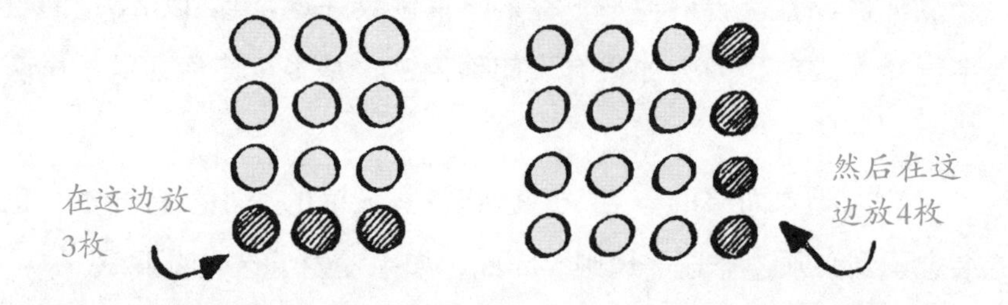

总共还需要3+4＝7枚算子。在4×4的正方形内共需16枚算子。

刚才是如何用算子计算，以下是如何用算式计算：$3^2+3+4=4^2$。比较好的一点是，这一规律总在起作用，与你求平方所用数字的大小无关。如果你用9×9那么多的算子，你会发现：$9^2+9+10=10^2$。

你可以亲自用算式或算子来检验这一规律，从而推导出一些很不错的窍门，我们的评委专家组一会儿展示……

你可以感到这一窍门有多么方便。想让狗算出218×218的结果，期望有些太高了，难道不是吗？

平方差的差值

给一个平方数加上某个数，得到另一个平方数，这个加上的数被称为“平方差”。例如，25和36间的平方差是11。瞧一下平方差是怎样变大的：

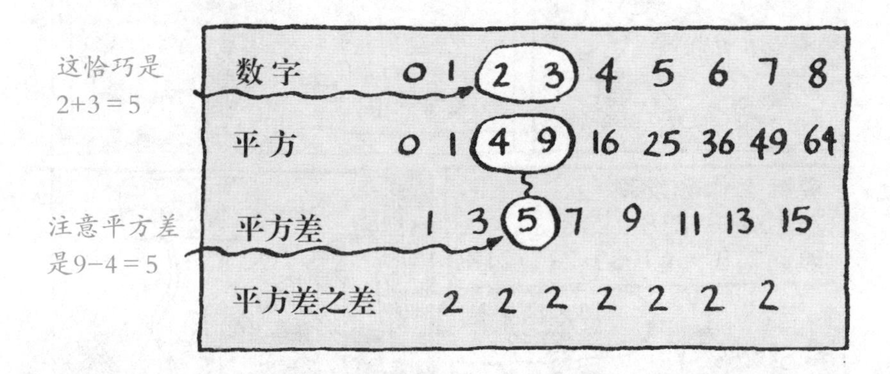

数字	0	1	2	3	4	5	6	7	8
平方	0	1	4	9	16	25	36	49	64
平方差	1	3	5	7	9	11	13	15	
平方差之差	2	2	2	2	2	2	2		

看到了吗？平方差都是奇数，依次递增。每一个奇数都比前一个多2，因此可以说，每一平方差之差是2，无论平方数变得多么大都没关系！

在佛格斯沃斯庄园，人们计划用方石板建一个方形阳光露台。

“35年前，我们用1369块方石板铺了这个露台，”上校说，“我们把它建得方方正正的。很遗憾，姑妈的牵引机车轮把它们轧得粉碎。”

“18年前我们建了一个新的露台，”公爵夫人说，“沿着北边和东边多铺了一排石板建成现在这个更大一些的广场，这次总共用了1444块石板。”

“可是真倒霉，巨象般大的鼹鼠穿过露台中间挖地洞，把它弄成了碎块。”上校说。

“我们不得不再费心一次，”公爵夫人说，“这次把广场建得再大一些。”

“新广场需要用多少块方石板呢？”上校问。

“如果知道旧广场每边有多少块方石板，会有些用处的。”公爵夫人说，“但是该怎样计算呢？”

“哈！”上校骄傲地说，“我正好有一项小发明，适合算这类问题！这是一台老式军用计算器，很小巧的一个家伙，是吧？”

机器通上电源后，公爵夫人皱着眉头问：“那是什么气味？”

“它正在预热，”上校解释说，“现在开始计算，上一次的露台用了1444块方石板，我们求它的平方根，也就是我们每一边用了多少块方石板。哈——结果似乎快算出来了……”

丁零咣当！

“哦，亲爱的，”公爵夫人从满身尽是弹坑、冒着烟的计算器后钻出来说，“如果我们不能算出以前的广场每边有多少块方石板，我们就绝不会知道建新广场需要买多少块方石板。”

在这关键时刻，就轮到“经典数学”大显身手了。让人吃惊的是，我们不需要知道露台的每一边有多少块方石板，我们需要知道的是第一次使用了1369块方石板，第二次用了1444块方石板，两个平方数的差为1444-1369＝75。由于平方差每次以2递增，我们可知道1444与下一个平方数的差为75+2＝77。因此，建新的方形露台总共需要的方石板数目是1444+77＝1521（块）。

如果你用计算器算一下1369、1444、1521，它们应当都是完整的平方数！

两个平方数的差

到目前为止，我们只是通过给底数增加1来加大它的平方。当从一个4×4跨越到7×7，你会感觉世界真奇妙，因为这涉及数字世界里最酷的诡计……

两个数的平方差等于这两个数的和与它们的差的乘积。

呃！如果你以前从未见过这一定理，可能会认为是胡言乱语。不用担心，你的脑组织也没有软化。这只是该定理的一个简短叙述，但是如果清楚地写出整个过程，会需要半页纸，我们就不费这个劲儿了。人们通常用代数学解释这一定理，写出来是这样：$x^2-y^2=(x+y)(x-y)$——但是不要让它分了你的心！如果你拿出算子并且保持头脑清醒，我们可以用另一种方式来解开这一小小的数学难题。

首先，我们要了解该定理的含义。它的前半句说“两个数的平方差”，因此我们选取两个数，把它们平方后看看会发生什么事。我们选了7和4。

▶ 要得到两个数的平方差，我们只需把它们分别平方，然后用较大的数减去较小的数。我们得到7^2-4^2。这不难，因为$7^2=49$，$4^2=16$，$49-16=33$。

▶ 现在根据该定理，答案应当等于这两个数的和（7+4）乘这两个数的差（7−4）。两者之和是7+4 = 11，差为7−4 = 3，因此我们用和乘差得到11 × 3 = 33。两个答案相等，所以该定理有效！巧妙吧？让人高兴的是，可以用我们友善的小算子来展示这一过程。

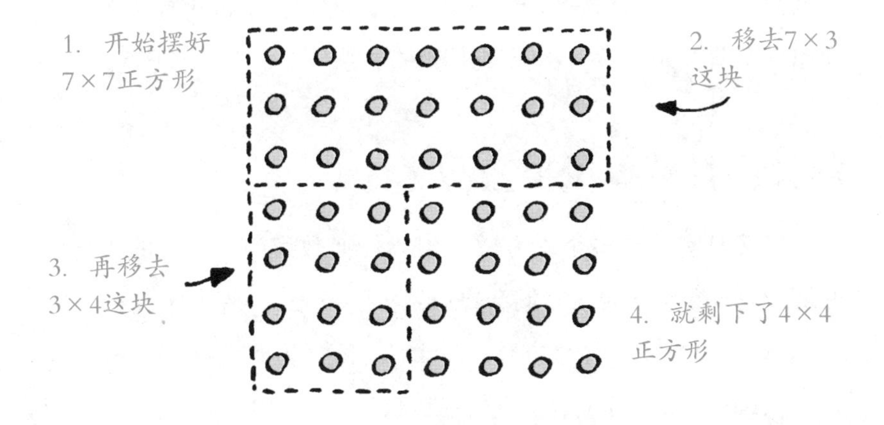
1. 开始摆好
7×7正方形
2. 移去7×3
这块
3. 再移去
3×4这块
4. 就剩下了4×4
正方形

开始，在7×7内有49枚算子。我们移去顶部的算子，剩下了4行那么高，然后移去左边的一块，最后剩下了4×4。那么，我们一共移去了多少算子呢？

所有移去的算子现在组成了一个长方形，长是（7+4）枚算子，宽为（7-4）枚算子，因此在该长方形内算子的数量是（7+4）×（7-4）枚。要解出这道题，我们先得算出括号内的算式，瞧！我们得到与以前一样的结果：11×3=33。

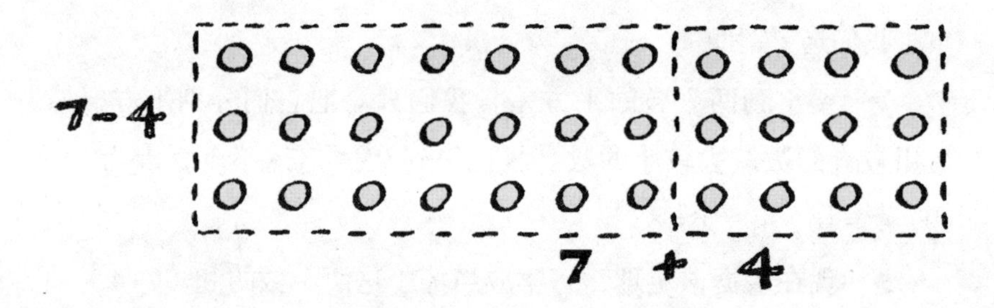

因此，我们从7^2枚算子开始，拿走（7+4）×（7-4）枚算子，剩下4^2枚算子。或者，该定理也可这样表示：7^2-（7+4）×（7-4）=4^2。

这一定理总是起作用！如果你用算子计算5^2-2^2，你会发现平方差为（5+2）×（5-2）=7×3=21。为什么不再用算子求一下其他平方差，如9^2-5^2、8^2-6^2或137^2-93^2呢？

总共存在多少个平方数

答案是有无穷多个平方数，因为任何数字都可求它的平方。可是，随着数字变大，它们会更分散：

在0～100间有10个平方数：1，4，9，16，25，36，49，64，81，100

在101～200间有4个平方数：121，144，169，196

在201～300间有3个平方数：225，256，289

在301～400间有3个平方数：324，361，400

在401～500间有2个平方数：441，484

但即使大的平方数间相距很远，它们出现的频率也会让人吃惊，看看下面的例子：

1. 任选4个连续数字，把它们相乘（例如：$23 \times 24 \times 25 \times 26 = 358800$）。

2. 把结果加1（$358800+1=358801$）。

3. 答案会是一个平方数！

4. 你可以求出它是哪个数的平方，所要做的是把其中最大的数和最小的数相乘，然后加1（$23 \times 26 = 598$，然后$598+1=599$，就是$599^2=358801$）。

一些无用的平方数事例

▶ 49是7^2，但是如果在它中间插入48，也就是4489，它等于67^2；如果在其中间再插入48，就会求得$444889=667^2$，$44448889=6667^2$，等等。

▶ 用任何一个平方数除以8，余数是0、1或4。

▶ 把4个（或者更少）平方数相加，可求得自然数中的任何一个数。例如：$14=3^2+2^2+1^2$，$39=6^2+1^2+1^2+1^2$，$4097=64^2+1^2$，$4095=63^2+10^2+5^2+1^2$。

▶ $1^2=1$，$11^2=121$，$111^2=12321$，$1111^2=1234321$，$11111^2=$……猜一下，结果是多少！

▶ $13^2=169$，如果我们对这个等式进行一些小调整，可以得到下面这两个有趣的结果。

1. 求14^2，只需把刚才答案的最后两位数对调，因为$14^2=196$。

2. 可以把等式两边的数字分别倒过来写，就会得到$31^2=961$。这一规律对12也起作用，因为$12^2=144$，$21^2=441$。

如何能以闪电般的速度，在大脑里默算出3333333333333^2

取一个计算器，算一下33^2是多少，然后算一下333^2是多少，再算一下3333^2，再然后算33333^2，继续下去……不过这次你就不需要用计算器了！

三角（形）数

用算子可以像下面这样，摆出三角形而不是正方形：

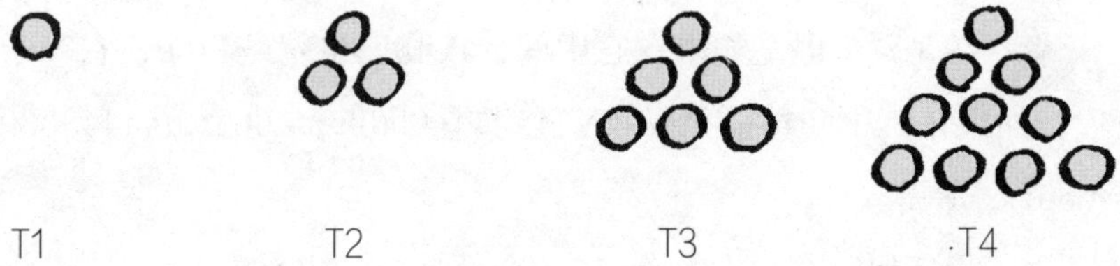

T1　　T2　　T3　　T4

第一个三角形每边只有1枚算子，实际上它看起来不像三角形，但是我们必须从它开始。第一个三角形内总共有1枚算子，因此我们说第一个三角（形）数＝1。由于“第一个三角（形）数”书写不方便，我们把它简写为：T1＝1。

第二个三角形的每边有2枚算子，在这个三角形内总共有3枚算子。因此，我们说“第二个三角（形）数＝3”或者T2＝3。

同样，你会看到T3＝6，T4＝10。

假设我们想把第四个三角形转化为第五个三角形……

我们所需做的是给三角形加上一条有5枚算子的边，你会看到

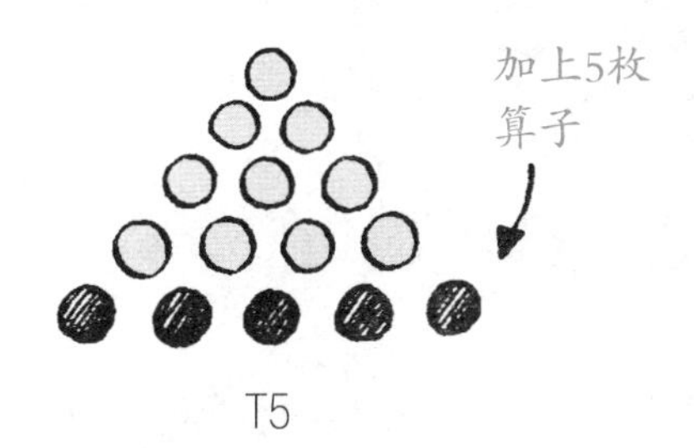

T5

T5 = T4 + 5 = 15。

在《特别要命的数学》一书中，会对三角（形）数有更多的介绍，现在我们只需了解其中一些非常不错的事例就行了。

怎样把三角（形）数转变为平方数

三角（形）数包括1，3，6，10，15，21，28，36，45……令人吃惊的是，如果任选一个三角（形）数，乘8然后加1，总会求得一个平方数。

例如，T4为10，因此我们计算10 × 8 = 80，然后加1，求出81。当然81 = 9^2。这是怎么回事儿呢？

这次我们还可以用算子，我们用有6枚算子的“第三个三角（形）数”来演示：

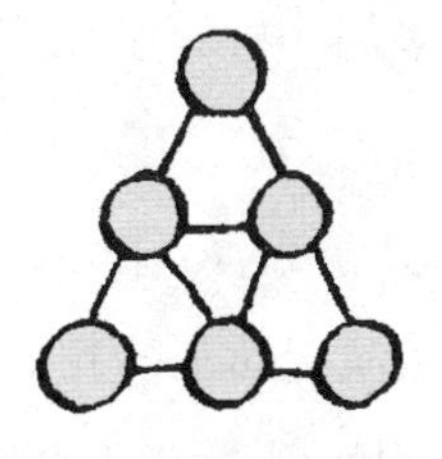

很好！我们所要做的是把它稍微推歪一些，在它上面再加一个T3，制成一个长方形。

你会发现这个长方形有3×4枚算子，更重要的一点是，长比宽多出一枚算子。这意味着如果把4个这样的长方形放在一块儿，你会得到下面的图形：

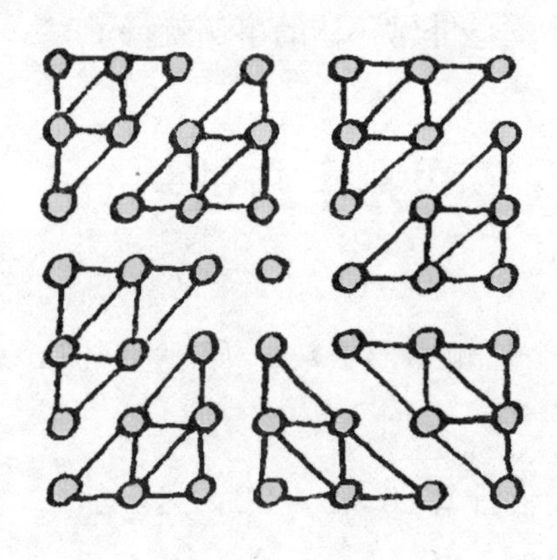

8个三角形和在中间的一枚多余算子

一个正方形，中间还余一个空隙，可以放入一枚算子！

因此，如果核算一下我们得到的图形，共有8个T3三角形和一枚额外的算子。数一下算子数目，每个T3三角形里有6枚算子，因此共有6×8=48枚，再多加一枚等于49，也就是7^2。

你会惊奇地发现，第三个三角（形）数转变成了第七个平方数。如果你有足够多的算子来演练，会发现任何一个奇数的平方数都可以由三角（形）数演变而来。我们只需把所要平方的数字减去1，然后再除以2就能得出结果。因此，如果你想知道哪个三角（形）数可以转化为11^2，只需要计算11－1=10，然后除以2。你会发现第五个三角（形）数就是正确答案。

立方数

立方数就是一个数乘自身3次所得的结果，可以在该数字的右上角标一个小号字“3”来表示，例如，$2^3=2\times2\times2=8$（注意：2^3与$2\times3=6$可不一样）。

你可以说8是2的立方，或者说2是8的立方根。如果有许多骰子或方糖，或小立方形砖，你甚至可以制出一个2^3的模型——

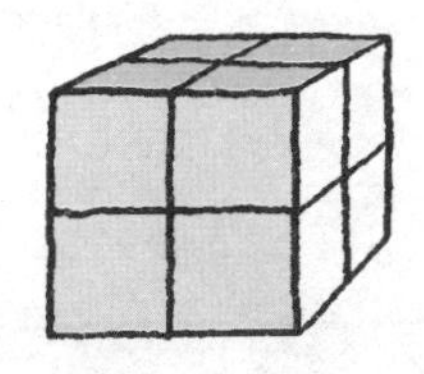

我们先看看自然数中前几个数的立方数，随着它们逐渐变大，检查一下它们之间的差值：

数字	0	1	2	3	4	5	6	7
立方数	0	1	8	27	64	125	216	343
立方差	1	7	19	37	61	91	127	
立方差之差	6	12	18	24	30	36		
立方差之差的差	6	6	6	6	6			

你会看到，立方数变大得非常快。1^3只是1，但是变到4^3时就已经达到64了。想了解它的变化规律，我们就看一下立方数间的差值的改变情况，即1—7—19，等等。这些数字增大得也很快，因此我们还得再看一下各立方差之间的差值！它们是6—12—18……嘿！如果有丁点儿幸运的话，你会发现这些数字都是6的倍数。这就是为什么立方差之差的差总是6。

哈哈！立方差之差只是一堆垃圾！

哦，不，别信这句话。芬迪施教授只是想插进来，把事情搅得一塌糊涂。他没有意识到，这可是一个计算更多立方数的简便方法。如果我们想计算8^3，我们不需要用乘法计算8×8×8，就可算出结果。

哦，是吗？这儿有一个用方糖堆成的立方体，每边边长为8。我敢打赌我可以在你之前算出它有多少块！

太容易了。我们只要看一下上一页立方表中的最后一个数字，然后加上几个其他数字。嗒嘀嗒……

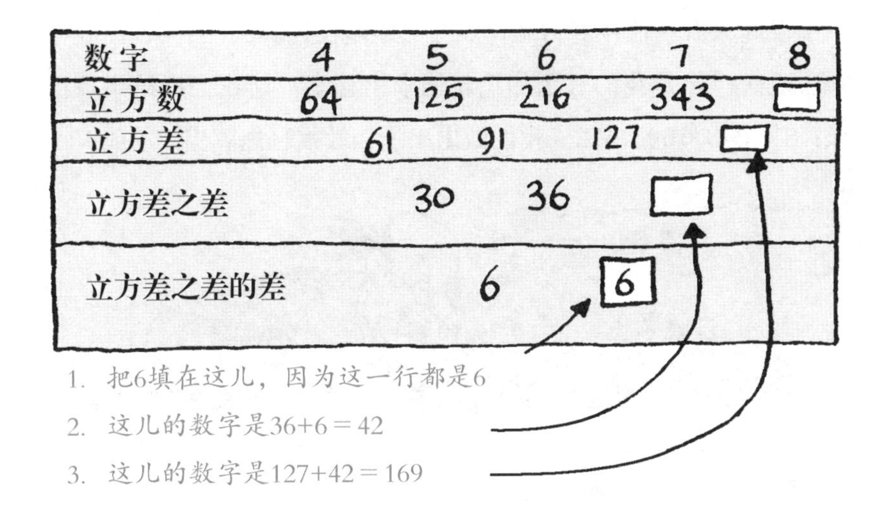

数字	4	5	6	7	8
立方数	64	125	216	343	□
立方差		61	91	127	□
立方差之差			30	36	□
立方差之差的差				6	6

1. 把6填在这儿，因为这一行都是6
2. 这儿的数字是36+6＝42
3. 这儿的数字是127+42＝169

求解思路是把数字填到空格内。首先填底部的空格，因为这行所有数字都是6。上一行数字中的每个数字比它前一个（这里是36）大6，因此填42。再向上移动一行，现在我们知道我们需要填入的数字是127+42 = 169。最后，我们可以计算343+169而求出8^3。但是，让我们瞧一下教授计算得怎么样……

很高兴看到他在努力工作。当然他是在计算8×8×8，需要做乘法两次，但是我们只用加法就能求出答案！让我们把结果算出来：$8^3=343+169=512$。我们做出来了，教授！您算出来了吗？

一个立方数的例子

153、370、371和407都有共同特点，每个数字都是“各位数的立方之和”，换句话说，也就是$153=1^3+5^3+3^3$。

极限
无用奖

如此不可思议的脑力浪费！
写出来简直是浪费墨水！
呱 唧
呱 唧

正六边形与格里赛尔达的箭

格里赛尔达准备购买一些箭，她可以有几种选择：1支装的练习用箭，7支一捆的遭遇战用箭，19支一捆的袭击战用箭以及37支一捆的大规模战役用箭（对了，数字37迷们，你们最喜爱的数字又出现了）。下一个型号是进攻用箭，问题是：该型号箭每捆有多少支?

这些数字的排列看起来很奇怪，但是更奇怪的是你已经见过它们了！回顾一下前面几页……如果你能找到这一数列，你就会找到答案。

这一数字排列称为“正六边形数”，是一种把箭尽可能捆得整整齐齐的好方法。你应该已经注意到，箭捆的末端看起来像六边形：

刚开始是一支箭，然后把这一支转变为六边形，需要在外周放6支（如果你用算子或一分硬币来摆成这个形状，你会发现外周的6枚会精确地围绕着中心那一枚）；下一个六边形的外周需要12支箭；再下一个外周需要18支。每一次需要的箭会多增加6支，因此攻击用箭额外需要24支，总数是37+24 = 61支。（在第51页有同样的序列，你发现了吗？就是立方差。）

到现在，你已经不再奇怪可以把三角（形）数转化为正六边（形）数了吧。只需要把任何一个三角（形）数乘6，然后加1，例如：T2=3，（3×6）+1=19。如果算子用光了，你可以用一些深海生物来代替，摆出下面这个形状：

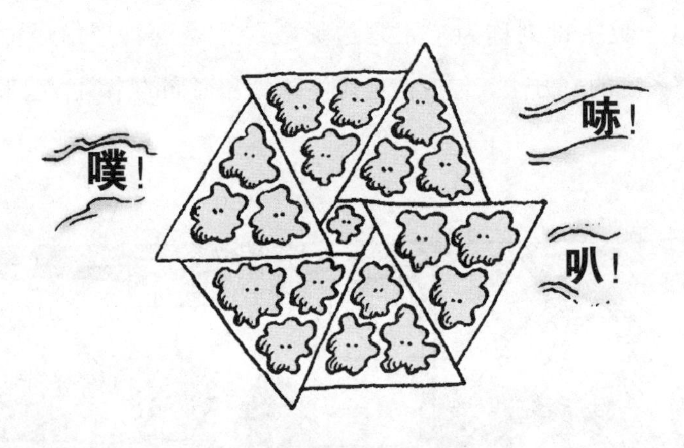

三角金字塔与乌尔古姆的炮弹

独斧开山乌尔古姆听说格里赛尔达购买了一批箭，他决定订购一些备用炮弹。炮弹按照三角锥形状摆放，像金字塔那样。因此“舷侧型”有多少发炮弹？

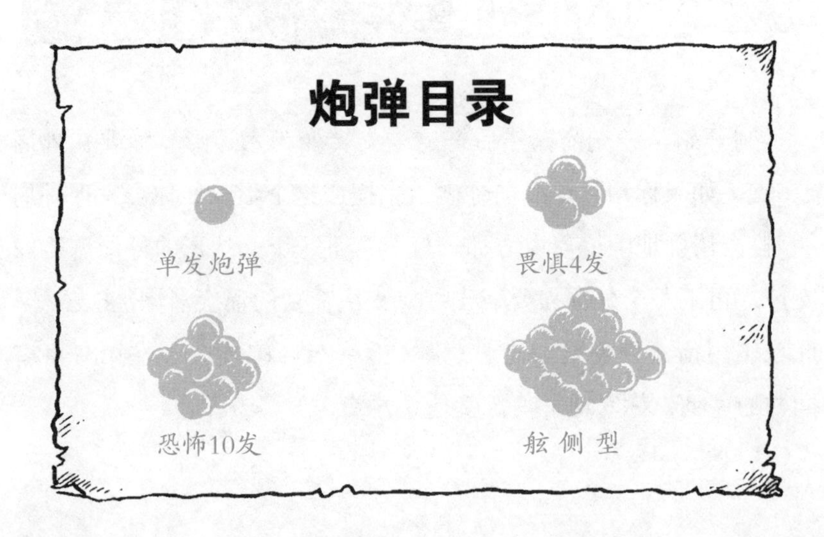

炮弹堆的每一层是一个三角形，因此每一层炮弹数目是一个三角（形）数！像之前那样，第一层只有一发炮弹，1是第一个三角（形）数或简记为T1。

第一层　　第二层　　第三层　　第四层

第二个金字塔形有2层，你会看到是T1+T2。因此，第二个金字塔的炮弹数目是T1+T2 = 1+3 = 4。第三个金字塔则是T1+T2+T3 = 1+3+6 = 10。

于是，金字塔中第四个的“舷侧型”将有T1+T2+T3+T4发炮弹，其为1+3+6+10 = 20。

这些数字称为四面体数。奇怪的是，它们中只有3个是平方数。第一个四面体数是1，同时等于1^2；第二个四面体数是4，等于2^2；但是第三个四面体数是10，第四个是20，第五个是35，第六个是56……猜一下剩下的那个平方数是哪个四面体数？它是第48个四面体数19600或140^2。如果乌尔古姆想要这么大的一个金字塔形，那么底层的三角形有1176发炮弹，每边是48发！

平方金字塔和数字91

如果乌尔古姆的炮弹按照平方数而不是三角（形）数堆积，你会得到完全不同的一列数字。每一层会是一个平方数，因此各层数字是1，4，9，16，25，36，49，等等。

最小的金字塔数是1，下一个是1+4＝5，再下一个是1+4+9＝14。到第六个金字塔会得到：

1+4+9+16+25+36＝91

有趣的是，如果你瞧一眼第13个三角（形）数，你会看到：

1+2+3+4+5+6+7+8+9+10+11+12+13＝91

如果你还没有兴奋得头脑发热……格里赛尔达最后决定购买攻击用箭后的那个型号。继续下去……准备求出下一个“正六边形数”，这样就可知道“超级无敌”号箭捆有多少支箭了！

平方三角和立方

如果你写出三角（形）数，然后把它们平方，求出平方差，看会得到多少：

数字	0	1	2	3	4	5	6	7
三角（形）数	0	1	3	6	10	15	21	28
三角（形）数平方	0	1	9	36	100	225	441	784
平方差		1	8	27	64	125	216	343

是的，它们是立方数！

因此，如果你把一个三角（形）数乘8后加1，你总会得到一个平方数；如果你把一个三角（形）数乘6然后加1，你会求得一个正六边（形）数；如果你把相邻的两个三角（形）数平方然后求它们的平方差，你会得到一个立方数。哇!

当你历尽艰辛读到本章末尾时，你早已忘记了曾经一直受到极度可怜事例的困扰。如果是这样，那就最好拥抱一下自己吧，因为我们会重磅出击，对你的智力进行打击……

真正让人同情的两个无用的立方/平方数事例

▶ 8是唯一一个比另一个平方数小1的立方数，换句话说，$8+1=9$，而9是一个平方数。但是如果换其他任意一个立方数，如125或343，你加1后不会求得一个平方数。

▶ $69^2=4761$，$69^3=328509$。这两个答案使用了所有0～9之间的数字，69是唯一可以产生这样结果的数字。

费马最后的定理

300多年前，一位叫皮埃尔·费马的法国官员每天瞎忙乎，检验各种数字来寻找快乐。他经常给一些巨难的问题想出让人惊诧而又简单的答案。他还有个习惯，就是把答案写在书页的空白处。但是多年来有道题搞得人们彻底发狂，就是这道……

可以把两个平方数加起来求得第三个平方数，这种例子谁都可以举出许多，例如：

$3^2+4^2=5^2$或$5^2+12^2=13^2$与$7^2+24^2=25^2$

以上称作“毕达哥拉斯平方定理”（在中国，我们的老祖宗早就发现这一规律，命名为“勾股定理”——译者注），你自己可以找出更多的例子：

▶ 第一个数可以是任意一个奇数，我们用13试一下。

▶ 把它平方，$13^2=169$。

▶ 减去1，$169-1=168$。

▶ 把刚才求得的数除以2，因此你会得到$168\div 2=84$。这是第二个数。

▶ 想求得第三个数，只需要把刚求得的数加1，$84+1=85$。

▶ 如果你不嫌麻烦的话，可以试算一下，你会发现$13^2+84^2=85^2$。最有趣的是，你不用做如84^2这类复杂透顶的计算，就可求出这些数字。

实际上，不一定非局限于平方。任何次幂都有类似的例子吗？如4次方或5次方，甚至……$(\quad)^{247}+(\quad)^{247}=(\quad)^{247}$。

几百年来，很多人一直在努力找寻符合这个模式的例子，哪怕是只有一个，但是最终他们认为根本不可能找到。然而难点在于，没有人能证明这不可能发生……直到费马在某本书的页边写下这句话：

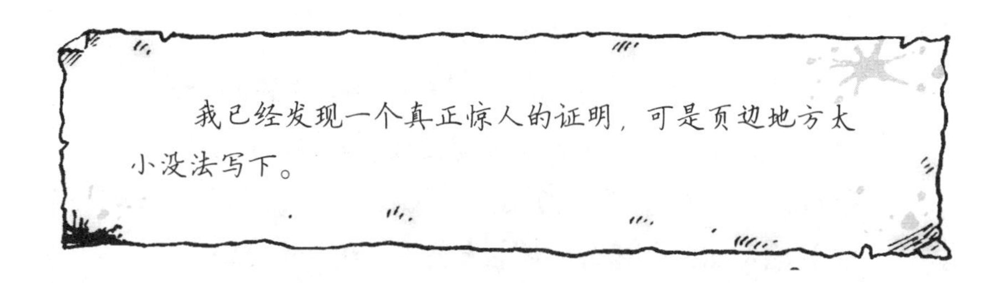

我已经发现一个真正惊人的证明，可是页边地方太小没法写下。

是的，费马已经宣称，像这样符合立方、4次方或5次方或其他比2大的任意次幂的等式，宇宙中不会只有一个答案。

这一宣言中最动人的一点是费马有时会出一些错，但通常是正确的。那么，他的证明真的管用吗？或者……他手里真的有证明吗？也许他只是在戏弄大伙儿！（我们的芬迪施教授可能会非常喜欢皮埃尔·费马以及他的芬迪施定理。）不管是哪种情况，它的确在起作用！数学家们为此一直哭泣和尖叫了350年，直到……

1993年，一位名叫安德鲁·威尔斯的数学天才给出了证明。这花费了他7年艰辛的脑力劳动，并且利用了一些以往发明了的最要命的数学，包括费马从未听说过的重达一吨的资料。他写了许多篇长长的论文，进行了大量分析，无数专家都瞪圆了眼睛，试图理解他是如何论证的。

显然，你非常希望知道他是怎样证明的，所以，我在下面列出他基本的证明思路。

我们以标准椭圆曲线为出发点，瞧一下伽罗瓦·艾瓦里斯特（1811—1832，法国数学家）的一些命题，这些陈述是对马祖尔变形理论的改进，而由马祖尔的理论很显然地导出了赫克环。那我们就开始吧……

假设p为一个奇质数，设Σ为质数的一个有穷集合，p属于Σ。设Q_{Σ}为在该集合和∞之外的非分歧Q的最大扩展。在C内固定$\overline{Q}$和Q_{Σ}。Dq是在Z内的所有质数q的分解组。假设k是特征p的有穷域，P_0: $G_{al}(Q_{\Sigma}/Q) \rightarrow GL_2(K)$是一个不可约分的表示。

一旦建立了这一关系，你可以一点点地移动它，最终会以某些结果结束。你可以像赛尔穆小组一样，用这些结果来解释广义余切空间。如果你想引人捧腹大笑（但这最后一点不会很重要），那么可以把它与布劳黑-柯托猜想挂钩。

讲到这儿，任何要强的“经典数学”爱好者都会毫不费力地推出后面几百页的步骤，但可叹的是已经太晚了。安德鲁·威尔斯第一个抵达了终点，因此他名垂数学史，和那些大人物相提并论。我们只能庆幸自己与他同居一个星球，同处一个年代。真的，我们确实这样想，不要对此嗤之以鼻。

但是……还有一个小疑点！如果费马确实有证明，那么会是在半页纸上潦草地写着“来，我告诉你是这样”这句话吗？

顺便说一句，对于这类问题的一个反例是，天才的欧拉（1707—1783，瑞士数学家、物理学家）说过，下面这一模式不可能有解（你会注意到，它比前面所写的多了一个括号）：

$(\quad)^4+(\quad)^4+(\quad)^4=(\quad)^4$。

没有人能确切证明他是对的，但是过了200年后每个人都十分肯定，没有哪个数字填入括号中，能使等式成立。

直至1988年，一个叫诺姆·艾利克斯的人举出了一个例子……

$2682440^4+15365639^4+18796760^4=20615673^4$——一看到这个式子，就会觉得它显然是正确的，不是吗？

事实上，后来发现的一个例子和这个式子一样明显正确：

$95800^4+217519^4+414560^4=422481^4$

谁拿走了最后的一分钱?

城市：美国伊利诺伊州芝加哥市
地点：卢奇餐厅，上主街
日期：1929年10月5日
时间：晚上10:25

“卢奇，结账，”马·布迁说，“真是一顿不错的晚餐。”

“谢谢夸奖，夫人。”卢奇说。

“而且这儿环境幽静，龙·杰克和我都喜欢这儿的幽静。”

卢奇也喜欢幽静，特别是当他回想起晚上所发生的事情。3个博赛里家的人刚在餐厅中央的大圆桌旁坐下，这时进来了格布里亚尼的4个兄弟。

“喂，你们这几个赶紧走开，”皮笑肉不笑的格布里亚尼说，“这是餐厅里最大的餐桌，我们是4个人，而你们只有3个。”

“是啊，”魏赛尔说，“你们可以坐在那个小单间内大嚼一通，正好可以从人们的视线里消失。”

“或许我们不适合在那个小单间里。”布雷德·波赛里懒洋洋地说。

“那么让我来帮你。”查理边说边从他那链锯模样的手提箱中抽出一把链锯来。

“不要用那把黄油小刀来吓唬我。”布雷德轻蔑地说。

魏赛尔从他的腰带中拔出枪来。

“一把玩具枪。”吉米哧哧窃笑。

格布里亚尼从帽子里抽出他的牛鞭来。

“我吃过的甘草根都比这粗。”庖吉轻蔑地说。

奴博从鼻孔中拔出手指头：“那么，谁知道这是什么？”他问。

“别发火，朋友！”布雷德咕哝着从桌旁站起来。

“这地方很不错！”吉米说，慢慢向后退去。

“是啊，”庖吉说，“人们都喜欢在这儿用餐，要保持干净。”

卢奇靠着柜台，抱着双臂正等着看一场大战。但这时奇迹突然发生，一把长而细的刀呼啸着从门口飞来，不偏不倚插到桌子中心，嗡嗡地乱颤，一顶帽子飞过来，长了眼似的落在刀柄上。

“唏！”7个人齐声吸口冷气，像音乐合唱团发出一声降E小调的“7”来。

“我的帽子在哪儿挂着呢？”一个声音慢吞吞地说，“我的帽子在哪儿挂着，我就在哪儿用餐。”

“我的妈呀！”卢奇声音颤抖着，从柜台后望去。一位脸色灰白、个子高挑的男士正挽着一位全身珠光宝气、矮个儿女士朝着中间的桌子走去。

“看看布雷德和他那些小朋友！”马·布迁嚷嚷着，“硬充牛仔，多滑稽。但这是餐厅，为什么不去外面打呢？”

“请原谅，女士，”魏赛尔紧张得满脸通红，“但我们刚才正要吃饭。”

“你吃饭时手里还用拿着枪吗？”马·布迁说，“恕我直言，从小我就知道成年人得用叉子吃饭。龙·杰克，告诉他们为什么。”

“这样你的牙就不会从后脑勺穿出去了。”

龙·杰克慢慢将手从兜里抽出来，这7个人齐刷刷地穿过房间，向后走去。这么整齐划一的行动让卢奇几乎忍不住拍手喝彩。实际上，杰克掏出来的是手帕而不是枪，他掸了掸两把椅子上的面包屑。马·布迁正要坐下，同时看了看面露惊诧的那几个人。

“还在这儿，小伙子们？”

“不！”他们齐声回答。

“看起来你们好像还在这儿，这不太合适，杰克和我希望有自己的隐私。”

“这儿有一个不错的带幕布的单间。”布雷德说。

“在拐角靠近水池处，”奴博补充说，“真的很舒适！”

“现在你们都很有礼貌，”马·布迁说，“是吧，杰克？”

这位高个儿男士微笑不语，你可以在刚品尝过一道刺身小鲨鱼大餐的人脸上见到这种微笑。

过了一会儿，服务生本尼走出厨房，他尽量忍住不笑出来。那个单间是给年轻情侣准备的，他们可以在这里看电影，显然不适合7个大块头，他们在桌子上下挤成一团。

“几位先生，这儿还好吧？”他问。

“我们很好，”陈绍紧咬牙关，气喘吁吁地说，“很好。”

“我把菜单拿来好吗？”

“呃，这儿没地方了，我们只要一碗意大利细面条、一瓶酒和几瓶饮料，剩下的我们会自己解决的。”

那晚，就这样平静地过去了。

一个小时后。“喂，本尼，”布雷德低声叫，“请把账单拿来，好吗？”

“马上就来，波赛里先生。”本尼说。但他穿过房间时，马·布迁拿起账单看了看。

“70分？”她嚷道，“全部加起来？你们都过得这么节俭，多可怜啊。我不知道情况这么糟糕。”

“我们现在很好，女士，”魏赛尔说，“我们会处理好账单的，因为我们有7个人，因此每人付……”

“我们每个人付10分，”奴博说着掏出钱来，“10乘7等于70。”

本尼拿着钱，交给柜台旁的卢奇。

“你们真好，让我俩坐了大桌，”马·布迁站起来，穿上外套，“真的，我们替你们把这瓶酒账付了吧。这瓶酒多少钱？卢奇。”

“13分，女士。”

“哦，别致的数字！”她评论说，“好吧，我们希望这个数字能带来好运，是吧，小伙子们？”

龙·杰克露齿一笑，掏出13分放到卢奇的手里。

“谢谢您！女士。”布雷德说。

卢奇皱着眉头看着手里的钱。

“呃，本尼，这7个家伙每人付了10分，一共70分；可是杰克付了13分，那你把这13分还给他们。”

这7个人立刻把手伸出来，本尼往每只手里放了一枚1分硬币。

“还剩6分，老板，我怎么才能把这钱分给7个人？”

“我们给本尼小费怎么样？”庖吉建议说，“毕竟，他把那个单间收拾干净了，刚才那里乱七八糟的。”

他们咕哝着同意了，本尼有点儿感动了。

“啊，6分钱，”他嘀咕着，“终于能带着妈妈去欧洲旅行了，这可是她梦寐以求的。”

“每个人都很高兴！”马·布迁在门口咯咯笑着说，“这很好！但有趣的是你们刚开始付了70分，然后你们7个每个人又拿回1分，因此是63分，本尼得到6分的小费，那总共是69分。想一想……是谁拿走了剩下的1分呢？”

门刚一关上，7个人立刻相互瞪着对方。

“哎哟，不要这样！”卢奇呻吟着，又躲在柜台后面。

你知道那1分钱去哪儿了吗？

这是一个古老的经典谜语，多年来迷惑了各式各样的人。仔细想想这几个流氓最后的账目是怎么来的，就会找到答案。刚开始账单是70分，但是马·布迁付了13分，因此最后的账单是70－13＝57分。他们付了70分，然后找回了7分，他们总共付了63分。这其中包括已经付了的57分和给本尼的6分小费，57+6＝63分。

质数嫌疑犯

这一章里有个好消息，那就是不涉及分数。没趣的、不想要的数字，都不用理它。

哈哈！我们只对“整数”感兴趣。你必须调整自己的想法。首先，把脑瓜侧盖的螺丝钉拧开，把“分数”芯片从大脑里拔走。

现在，当一个算式如7÷2摆在你面前，你只需要说：“这不能算！”我们来测试几个人。

朝格行星的7位恶魔高拉克乘坐着两艘太空船在巡视。他们想让每艘太空船内乘坐的人数相等，但这不可能。

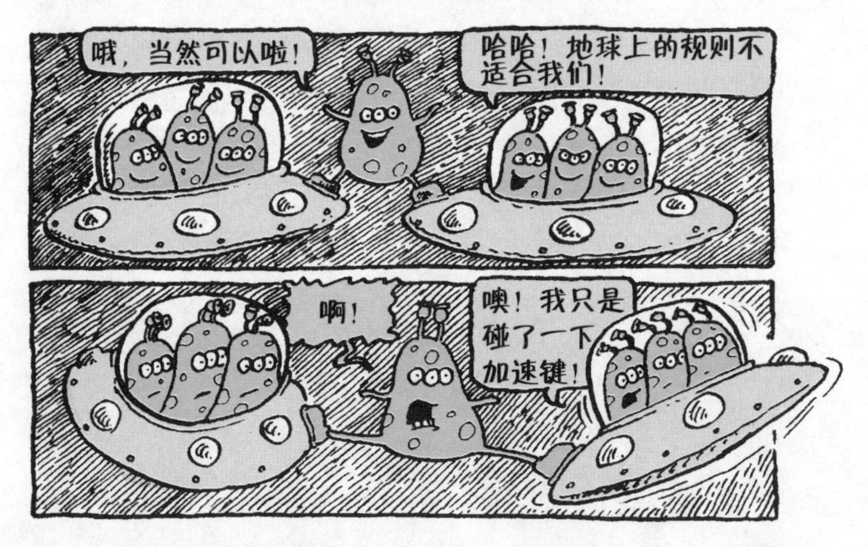

上图发生的事会给你一个教训。“经典数学”中的一些规定，适用于任何人，即便是恶魔高拉克！

7位高拉克想在每艘太空船内坐相同的人数，唯一的方法是改变太空船的数目。他们有两个选择：要么1艘大太空船乘坐7位高拉克，要么7艘小太空船每艘乘坐1位高拉克。按照数学规则，7是一个“质数”，它必须遵守宇宙中最基本的一条规则：

一个质数只能被它自身和1整除。

这就是为什么不管用什么方法也不能把7分解的原因。

但是有一条对高拉克们来说不错的消息：现在只剩6位高拉克了，他们能有很多选择：一艘大太空船乘坐6位高拉克，每位乘坐1艘共需6艘太空船，每2位乘坐1艘共需3艘太空船，每3位乘坐一艘共需2艘太空船。这是因为6可以被1、2、3和6整除。任何数字，如果除自身和1以外还可被其他数字整除，这个数被称作“合数”，那些除数被称作“因子”——因此，6的因子有1、2、3和6。

需要提醒你的是，即使可以把高拉克们以相同的数目分开，对他们而言也没多大用处：

最小的质数

2是最小的质数，因为它只能被2和1整除，不存在什么问题。3也是质数，因为它只能被3和1整除。可是，4就不是质数了，因为除了4和1以外，它还可以被2整除。（实际上，2是唯一的偶质数，因为其他所有偶数都可以被2整除。）你可以挨个儿算一下每个数字，就会求得这个质数表：2，3，5，7，11，13，17，19，23，29…

接下来，有一个很重要的问题是——到底1算什么呢？

这是《要命的数学》一书所钟情的一个问题，因为数字1给我们提供了解决这类问题的一个稀奇而有趣的例子，足以让那些纯粹数学家想破头，以致最后以头撞墙。

能好好嘲弄一下纯粹数学家，这个想法很诱人。但是，“经典数学”组织决定极其严肃地对待1是质数还是合数的问题。我们花了大价钱进行了一项100万人的国际调查，下表是调查结果：

1是质数吗?	
是	7
否	8
不知道	211
不关心	99,999,774

因此，最后以8票对7票做出结论：1不是质数。

质数对合数——一场一边倒的战斗

如果你认为所有数字都非常相似，那你一定会深受打击的。如果把数字比作人类，那质数就像是强壮如牛的人，而合数则像是一个弱不禁风的人。

让我们看看他们彼此相遇时，会发生什么事：

噢，合数真的应该更小心一些，因为一个浑身淌着汗的质数不会对这样的回答太友善，他会把他的质数伙伴们都找来。

把一个数字分解成它的质数因子，这个过程很烦人。如果你自己感到计算很难，可以参考《绝望的分数》中的指导步骤。我们现在需要知道的是，任何合数都可以由两个或更多个质数相乘而求得。在90这个例子中，你会发现2×3×3×5 = 90，这表示90的质数因子有2、3、3和5（把两个3都包括在内，这很重要）。

想求90的其他因子，只需把所有质数因子（包括两个3）归入不同的组中，就像这样：（2×3）×（3×5）=90。

如果你算出括号内的结果，得出6×15＝90，这告诉我们90的另外两个因子是6和15。看看下面的算式：

2×（3×3×5）＝2×45＝90，所以2和45是90的因子；

（3×3）×（2×5）＝9×10＝90，所以9和10是90的因子；

（2×3×3）×5＝18×5＝90，所以18和5也是90的因子；

（2×3×5）×3＝30×3＝90，所以30和3是90的因子；

以上就是求因子的步骤。

这一招不光对90管用，只要你把任意一个合数分解为质数因子，就可找到其他所有因子。

强壮如牛和弱不禁风的数字

质数和合数之间的相互关系如何，这里有一些基本的规则。如果有疑虑，记住，把它们想象成强壮如牛的人和弱不禁风的人。

最重要的规则

总会有两个或更多的质数可以合成一个合数。例如，132的质数因子有2、2、3和11，169只有13和13两个质数因子，同时表明质数因子不一定非得互不相同。质数很强壮，总可以把合数分解开。

由上述规则引申出的规则

▶ 合数相乘不可能得到质数，如果你非要试试，那我们只能对你的苦难表示同情。

▶ 如果一个数字不能被任何一个质数分解，那它本身一定是一个更大的质数（例如，521不能被任何质数整除，那它一定是一个质数）。

▶ 如果一个数字不能被质数分解，那么合数也不能分解这个数。例如这几个合数：4，15或28，想用它们来合成521，根本不可能做到，因为我们刚才已经知道521是质数了。

彻底无用的规则

有时候，合数可分解成其他合数，但是没有人关心这一点。例如，$48 \div 8 = 6$，这个式子非常灵巧而且便于计算，但是在数学中不会处于重要地位。

如果一个数是质数，如何来检验

你或许想用计算器来计算，但除非这个数非常小，或者你非常聪明。你要做的是举出一个未知数字，然后用从2起的每一个质数挨个测试。

▶ 不管什么时候求得一个答案，那么这个数就不是质数。

▶ 不断试下去，直到商小于用来测试的质数，让我们来检验一下数字883。

首先用2来除：

883 ÷ 2 = 441.5　　显然883不能被2整除，因为只有偶数才能被2整除。（这一结果同时告诉我们883也不能被2的倍数如4、6、8、10等整除。）

我们来试下一个质数，也就是3：

883 ÷ 3 = 294.3333…　　不行——记住我们在寻找整数答案。

再下一个是5：　　实际上我们不用试5，因为883不是以0或5结尾，所以不能被5整除。（顺便说一句，它也不能被3的倍数整除，如3、6、9、12、15……）

下一个是7，然后是11，再后是13，再往后是17、19、23和29，这些数都不能整除883。

最后，用31试一下，求得以下结果：883 ÷ 31 ≈ 28.48387，这个结果让人感到很激动！

看到商小于31，意味着我们不需要再往下求了。至此，我们已经证明了883是一个质数！

如果你理解了这一点，现在我们来玩一个游戏……

质数嫌疑犯

几个坏蛋闯入了潘高·麦克维菲的汉堡包大篷车，偷吃了他的腌嫩芽。侦探歇洛克·福尔摩斯把以前的嫌疑犯都列了出来，但是怎么才能知道谁有罪呢？他可以把他们泡在浴缸里，密切注意冒起的绿色泡泡……

歇洛克的确有条线索——腌嫩芽硬得比潘高的大篷车的轮胎还难于咬动。所以，偷吃的人一定强壮如牛了。因此，嫩芽窃贼会有很牛的质数标志号，这不足为奇。你能帮助歇洛克找出窃贼吗？

窃贼是557、941和929。其他数字是合数：$779=19\times 41$，$623=7\times 89$，$841=29\times 29$。

如果你想检验一些非常大的数字，请访问我们的网站www.murderousmaths.co.uk。我们的网站有专门的质数检验游戏。

质数模型

纯粹数学家们花费了几千年时间，试图找出一个可以预测某个数是否为质数的模型，但是一直没有找到。他们曾经认为一连串3后跟一个1会是一个质数。他们检验了31，331，3331，33331和333331，发现它们都是质数。甚至3333331和33333331也是质数，他们都很兴奋。可是333333331却等于19607843×17，它可是一个没用的合数。

大约400年前，一个法国的教士叫马林·默舍尼，废寝忘食地检验质数，他用2的*n*次幂减1来寻找质数。一个简单的例子是（2^5-1），用乘法表示为2×2×2×2×2-1，等于32-1＝31。符合这一模型的质数被称作默舍尼质数。不幸的是，当这个模式正为人所接受时，有人发现了它的3点不足之处：

▶ 如果2的幂次不是质数，这个模式根本无效。例如6不是质数，（2^6-1）也不是质数，它等于63，也就是7×9。

▶ 即使幂次是质数，公式仍然可能无效。11是一个质数，但是（$2^{11}-1$）＝2047＝23×89。

▶ 有几万亿的质数不符合默舍尼公式。

实际上，对于默舍尼教士来说，还是有一条好消息的，因为他的默舍尼质数可以在“极其无用的数字”一章中有一定作用。但还有一条坏消息是，在他诞生的2000年前就有人已经想到了默舍尼质数。

要命的数学英雄的一个质数例子

在默舍尼教士还活着的时候，他宣称（$2^{67}-1$）是一个质数，没有人否认这一宣言。直到1903年10月的一天，纽约发生的一幕……

他现在干什么？
嘘！
一声不吭
1小时后……
嘿！他把这两个数相乘了！
相乘以后等于默舍尼质数！
那么这个数不再是质数了！
黑板都烫手了！
一股呛人的粉笔味！
欢呼声
疯狂的鼓掌声
我第一次听到那个地方传来掌声！
鼓点般的跺脚声
暗自得意
他甚至没说“晚安”！

这是在没有电脑的时代真实发生的一个故事。想象一下需要耗费多少脑力才能找到（$2^{67}-1$）的两个因子，尤其是没人会相信有因子存在！至于我们的英雄——柯拉先生对这件事只说了几个字。有人问："你用了多长时间发现这两个因子？"他回答：

3年来的所有星期天。

到底总共有多少个质数

许许多多，无穷匮也。

如果你想知道为什么，那请打开窗户。我们现在要推出"经典数学"的一位巨星，在此之前你需要呼吸一些新鲜空气。部分原因是这位古希腊人已经2000多岁了，但主要的原因是怕你头脑发热。准备好了吗？那我们就开始了……

欧几里得（约公元前3世纪的古希腊数学家）曾经写下了第一本要命的数学书，和现在你手里拿着的这本流行的书有些不同。它有13卷之多，书名叫作《几何原理》，封面是由菲利普·里沃斯设计绘画的。《几何原理》一书中到处迸发着思想的火花，例如下面这句：

即使你把所能想到的最大的质数列举出来，还是会有一个更大的质数……

当然，这不是他的原话，但是你只要把握他的主要思路就行了。这和下面的情况十分相似：

▶ 你使劲儿想一个最大的质数，假使我们很笨，认为13就是最大的质数了。

▶ 用比13小的每一个质数去乘它，这样一直连乘到2，你就可以得到13×11×7×5×3×2这个算式，它的结果是30030。

▶ 再给这个数加上1就得到30031，现在我们得到一个不能被13、11、7、5、3或2整除的数，因为无论你用其中哪个数去除它，都会得到余数1。（并且，如果一个数不能被任何质数整除的话，你自然会想到它也不能被众多的合数整除。）

现在只有两种可能……

或者30031本身是一个质数……或者它能被比13大的某一个质数整除。

▶ 另一个思路就是一定存在一个比13更大的质数。

▶ 一旦你知道有一个比13更大的质数，你就可以把上面的过程重复一遍：用比这个质数小的每一个质数去乘它，然后再加上1，接着你就会发现存在一个更大的质数，等等。

因此，我们说存在无穷多个质数，换句话说，就是许许多多，无穷匮也。

后来证实，30031不是质数，它由两个质数因子相乘求得，并且13看起来要比它们小很多。

这就导致了另一个问题，对诸如柯拉博士等的纯粹数学家们来说是沉重的打击。即使他们知道某一大数不是质数，在努力寻找这个数可以被哪些数整除的过程中，也需要应用一些“经典数学”中的知识。例如1111111111111111这个数不是质数，它等于2071723×5363222357，但是你能想象得出那个发现这一结果的人经历过怎样的艰苦吗？

如果你想对这一过程有个感性的认识，请拿起你的计算器，看一下你是否能找到30031的两个质数因子。

30031＝59×509，当你解出这个答案时，感觉容易吗？

最大的质数是多少

就像我们刚才看到的那样，根本不存在最大的质数，因为它们永远在不停地增大。人们花了大量的精力不断去寻找更大的默舍尼质数——在2001年11月14日，当人们发现（$2^{13466917}-1$）是质数时，全世界都为之欢呼。“经典数学”的打字员确实想把这个数为你打印出来，但这个数有4053946位，以本书的篇幅需要5000页以上，这会花费你120英镑。

随着质数不断变大，它们会越来越少吗

我们认为是这样的，因为一个数越大，就会有越多比它小的数可能整除它。但是，我们也不能确信，因为当达到由成千上万亿位数组成的天文数字时，就很难预料会发生什么事。总之，通过下面对一些数字的粗略演示，我们可能会明白：

在1到20之间有8个质数：

（2，3，5，7，11，13，17，19）

在101到120之间有5个质数：

（101，103，107，109，113）

在1001到1020之间有3个质数：

（1009，1013，1019）

在10001到10020之间有2个质数：

（10007和10009）

在100001和100020之间有2个质数：

（100003和100019）

在1000001和1000020之间有1个质数——不过你能找到它吗？

是1000003。（如果你认为是1000009，可就错了，它等于293×3413。）

有关质数最悲哀的事情是什么

悲哀的事情发生了，因为纯粹数学家们爱上了质数，不可能有不带半点儿悲哀的一份爱。下面的质数是他们最爱的人：

为什么它会让人如此心动呢？那是因为如果你在任何相邻两位数上画圈时，都会得到一个小的质数。我们邀请画家艾维尔·里维演示一下：

数字19、37以及数字79都是质数

这个数字这么可爱，原因是两两画圈所得到的小质数都各不相同。而619737131179是这些质数中最大的质数。

纯粹数学家给不同种类的质数取了不同的名字，他们把这些数朝前写、向后写、颠倒着写，他们用这些数玩花样，他们教这些数坐、跪、翻身，还让它们睡在睡椅上……

——但是他们曾经心碎过，因为他们无法找到最大的质数，这的确让人很悲哀。

你可以赢得1000000美元

是的，你可以——我们不是在开玩笑!

在1742年，一个叫克利斯蒂安·哥德巴赫的人提出一个想法：任何偶数都可以用两个质数相加而求得。例如：20 = 3+17或36=7+29。

这就是所谓的“哥德巴赫猜想”——谁都认为它是对的，但没人绝对确信。它的奇妙之处是它看起来很简单，却驱动着许多伟大的数学家为之发狂那么多年。更糟的是，总有些机构或有些人设立大笔奖金，颁给那些能够证明它的人。上次我们查了一下，一位出版商★提供的奖金金额高达100万美元。因此，如果你觉得这个星期零钱不够花，你该做的就是证明任意偶数等于两个质数之和——或者找到一个不能由两个质数相加而求得的偶数。

★ 声明：“经典数学”的出版商们不会为类似这样无用的东西提供1分钱。可是，如果你能提出真正不错的设想，例如经久耐吃的巧克力块、喷气式火箭靴或是神奇的隐形药，那我们会考虑的。

烦人却有用的一节

下面的内容你应当熟记，它可以检验一个数是否可以被2到13之间的任何数整除。每一个检验准则前都有一个或几个下面这样的标记，可以让你明白它的难度。

很简单——小菜一碟

如果你能做出来，那你真酷极了

有点乏味

2 ？ 任何偶数（例如以0，2，4，6，8结尾），太简单了！

3  把该数的各位数字相加，例如你检验的是8749788，就这样计算8+7+4+9+7+8+8 = 51。照以上方法继续计算直到和是一位数，也就是5+1 = 6（叫作这个数的数字根）。如果数字根可以被3整除，那么这个数也可以被3整除。在这里，6可以被3整除，因此8749788也可以被3整除。

4 看一下后两位数，如果十位数是偶数，而且个位必须是0、4或8，那么该数可以被4整除。（因此35784可以被4整除，因为8是偶数并且个位是4。）如果十位数是奇数，那么个位数必须是2或6时，才可被4整除。（因此476可以被4整除而9734却不能。）

5 ? 个位是0或5。

6 该数是偶数且可以被3整除。

7 用该数的个位乘2，求得一个积，用刚才剩余的其他位数减去这个积，如果差可以被7整除（或者答案为0），那么该数也可被7整除！因此，对于119来说，先计算：9 × 2 = 18；接着：11－18=－7。结果可以被7整除（不用担心得到负数），因此119也可以被7整除。

9 求出数字根（就像计算3时），如果数字根最终等于9，那么这个数就可以被9整除。检验一下846，8+4+6 = 18，继续运算，1+8 = 9，所以846可以被9整除。

10 ?

必须以0结尾。

8 

只需要看末尾的3位数字，如果“百位”上的数字是偶数，而后两位数字可以被8整除，那么这个数就可被8整除。如果“百位”上的数字是奇数，那后两位数字必须能被4整除，但却不能被8整除。（所以3540不能被8整除，但是3544却可以。）

11 

把+和-交替插入该数各位间，例如把64559化为以下形式：6-4+5-5+9，然后求和。如果和为0或可被11整除，那么这个数也可被11整除。在本例中6-4+5-5+9 = 11，所以64559可被11整除。

12 ? 

如果同时可以被3和4整除，那该数就可被12整除。（参见前面提到的检验3和4整除的规则。）

13 

用该数个位乘9，然后用剩余的几位数相减，如果差可被13整除，那么这个数也可被13整除！例如754，用个位的4乘9，4 × 9 = 36。然后计算75-36 = 39，39可以被13整除，所以754也可被13整除！

19 

以下规则作为特别奖励……

你还可以检验一个数是否可以被19整除！用末尾两位数乘4，然后把积与其他位相加，如果和能被19整除，那么这个数也可以被19整除。例如6935，35×4 = 140，然后69+140 = 209；继续前面的步骤，9×4 = 36，而36+2 = 38，可以被19整除，所以6935也可以被19整除。

一位纯粹数学家日常生活的一天

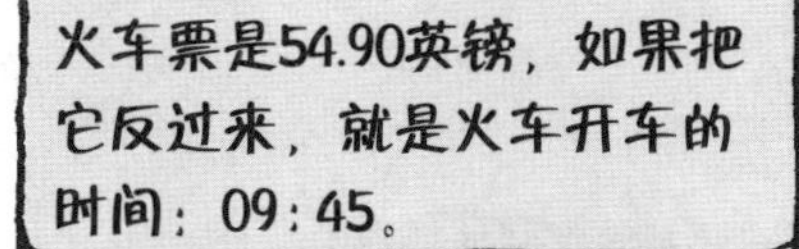
火车票是54.90英镑，如果把它反过来，就是火车开车的时间：09:45。

但是，爸爸……

火车11:56到站，1156的平方根是34——正好是参加研讨会的人数。
但是，爸爸……

啪
啪
不要担心，苏姆西，各种情况都在老爸的掌握之中！

唉……
再见！

充满惊奇的商店

在你进入这个小商店时，一个小铃铛会“丁零”乱响。

“欢迎光临敝店。”一个相貌古怪的老头说，他站在柜台后面，戴着一个塑料鼻子。

“为什么您要戴着塑料假鼻子呢？”你疑惑地问。

“当然是因为我的塑料假胡子啊！”

你转念一想，就会立刻意识到有些不对劲儿，但是你的眼睛早已被一些从未想到过的奇特难题所吸引。以下是你发现的：

谁能撑到最后

任选一个两位数，把个位和十位相乘，然后再重复这一步骤，直到积只有一位时（例如34，$3\times4=12$，然后$1\times2=2$）。

在最终变成一位数时，哪个两位数需要花最长的时间呢？

捉摸不定的分数

如果你要约分，通常是用同一个数字去除分母和分子。如果是 $\frac{12}{24}$，你就用12同时去除这两个数，结果等于 $\frac{1}{2}$。为什么不能只把分母和分子中的“2”直接约去呢？ 就像这样：

$$\frac{1\not{2}}{\not{2}4}=\frac{1}{4}$$ ←你不能这样干

但是有一两个这样的特殊例子，可以把分母和分子中相同的数字约去！看看下面的例子：

$$\frac{16}{64}=\frac{1\not{6}}{\not{6}4}=\frac{1}{4}\qquad\frac{19}{95}=\frac{1\not{9}}{\not{9}5}=\frac{1}{5}$$

$$\frac{49}{98}=\frac{4\not{9}}{\not{9}8}=\frac{4}{8}=\frac{1}{2}$$

你能找到其他像这样的分数吗（分母和分子都小于100）？

卡泊卡尔先生的神奇实验

这部分内容很精彩！任选一个四位数（各位数字不全相同），然后进行以下步骤：

- 来回移动各位数，找出最大的数字；
- 来回移动各位数，找出最小的数字；
- 用最大的数字减去最小的数字；
- 用求得的差重复上面的步骤；
- 最后结果总等于6174，这会让你大吃一惊！

任选一个四位数，例如 9189

重新安排各位数字，

找出最大的数字 → 9981

和最小的数字， → 1899

两数相减得 → 8082

再重新安排各位数字， 8820

找出最大的数字 0288

和最小的数字， → 8532

两数相减得

继续重复下去， → 8532 − 2358 = 6174

直到求得6174

如果再重复一遍…… 7641 − 1467 = 6174

如果你用三位数来进行这一系列步骤，那么结果总会等于多少呢？

末位数模式

8×8 = 64，再用末位数乘8：4×8 = 32；继续用末位数乘8：2×8 = 16；再用末位数乘8：6×8 = 48。末位数又回到了8！如果继续下去，末位数的排列方式是8—4—2—6—8—4—2—6—8—4—2—6—8……

如果用2来进行这一过程，你将会得到2×2 = 4，然后4×2 = 8，再后8×2 = 16，再然后6×2 = 12，等等。求得的末位数的排列方式是2—4—8—6—2—4—8—6—2—4—8—6……和“8”的反向模式一样。

现在用1～9间的其他数字来做这个游戏。你能发现另外一对儿会产生相反模式的数字吗？

智能穷尽无用奖

永恒的数字

用526315789473684210乘2到18间的任一数字，结果会包括上面数字全部位数的数字，而且顺序相同——只是打头的数字位置不同而已（并且在末位也有一个0）！自己试试——如果你把这个数字乘7，看会求得多少。

很巧的是，1÷19 = 0.0526315789473684210…

“你过得愉快吧？”一个戴着大塑料鼻子的老头问，他手里拿着一本书，书名是《真解》。

“是的，谢谢您！但我想用这本答案册核对一两个答案！”

“哈哈！”响起一阵魔鬼般的大笑声。只见他先摘下鼻子，再摘下假胡子，现出了原形……是芬迪施教授，你的老对头，他说：“我终于看到我高超的伪装愚弄了你！”

哦，乖孩子，你怎么能没看出来呢？不过，现在该是清醒的时候了。你先假装认不出来他。

“对不起，”你有礼貌地说，“我们以前见过吗？”

“当然啦，你在《特别要命的数学》噩梦里见过我！”他咯咯地笑了。

“嗯……你把那对难看的耳朵摘掉，也许我能认出来。”你假装建议。

“我没有戴什么橡胶耳朵！”他怒喊。

“哦！”你惊奇地说，“一定是那些难看的假牙了。”

“那些牙真的是我自己的！”他气急败坏，开始结结巴巴。

“好了，我投降。我猜是那些不合适的假发没有起好作用，更不要说那副难看的眼镜了，至于那股气味嘛……”

“一定是它！”他尖叫着，撕开一个盒子，抽出一套链子，“你是第一个尝试我的发明的人！”

“除非你能找到我的数字链上各数字的关系，否则你永远也看不到书中的内容。”

多么残忍啊！你注定又要睡不着觉了，除非能解出答案。

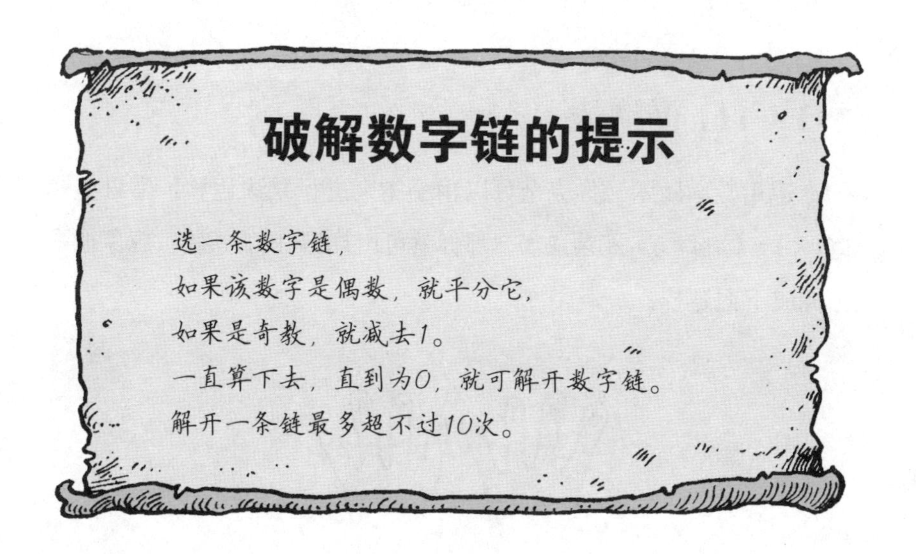

破解数字链的提示
选一条数字链，
如果该数字是偶数，就平分它，
如果是奇数，就减去1。
一直算下去，直到为0，就可解开数字链。
解开一条链最多超不过10次。

你能找到唯一一条可以解开的链吗？答案在本书其他页上。

神奇的手指

假设你从1数到10或者在做算术，如7-3，你认为以下哪些做法最幼稚：

- 数自己的指头
- 吮吸自己的双脚
- 算错结果
- 使用计算器

数自己的指头看起来有些悲观，但那是最好的选择。如果你不得不使用计算器，我们能说什么呢？

10×10 乘法表

运用数学魔术，你完全可以用手指来进行乘法运算！你只要知道1×1=1到5×5=25乘法表，那你就可以算6到10的乘法。想象把手指标成下面这样：

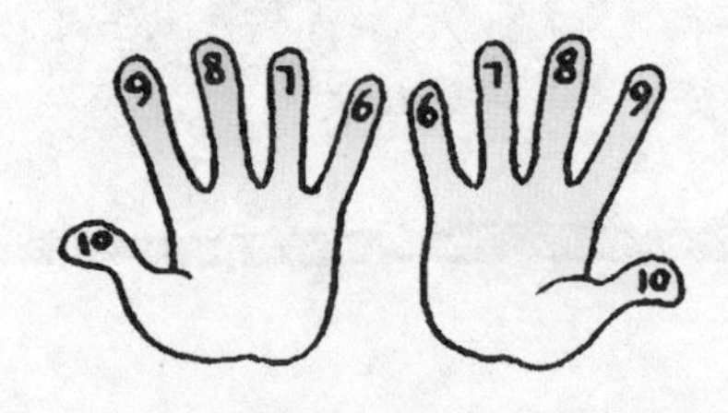

有两项单独的工作要你做，你需要算出“十位”和“个位”上的数字。我们以7×8为例，看看怎么运算。

- 把双手标有“7”和“8”的手指相对。

▶ 想象一条长虫爬在你相对的手指上。

▶ 虫子下方所有手指每一根当作10，把它们都加起来。在这个例子中是20+30＝50。

▶ 再求个位上的数字：把虫子上方的手指数相乘。（这个例子中我们知道一只手是3根手指，另一只手是2根手指：3×2=6。）

▶ 把十位和个位相加，就求得答案。我们得到50+6＝56，这就是正确的答案，因为7×8＝56。

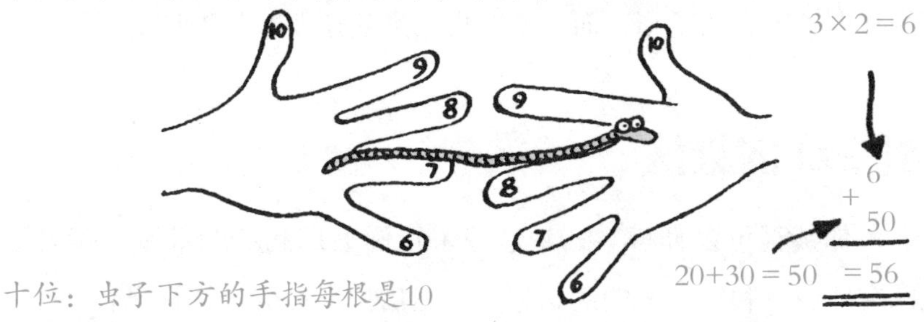

老实说——很不错，对吧？下面是6×7的计算过程：

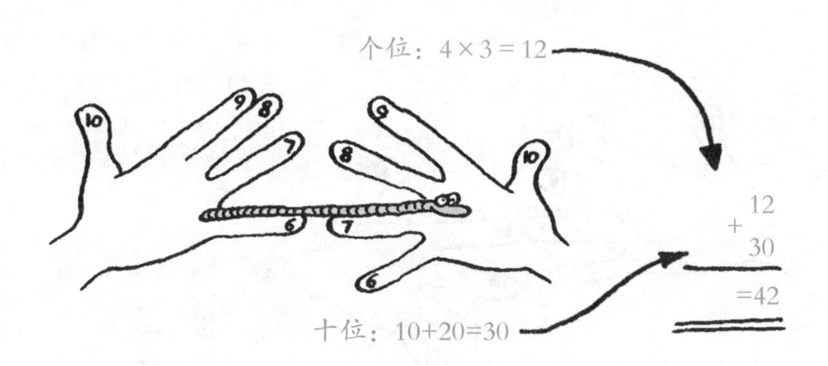

到15的乘法

让人惊诧的是，可以用手指来进行11到15间任意两个数的乘法运算，只是方法和刚才的稍微不同。假如你要算12×14，想象自己的手指上标着11到15的数字，把标有“12”和“14”的手指相对，然后对下面的算式快速求和：

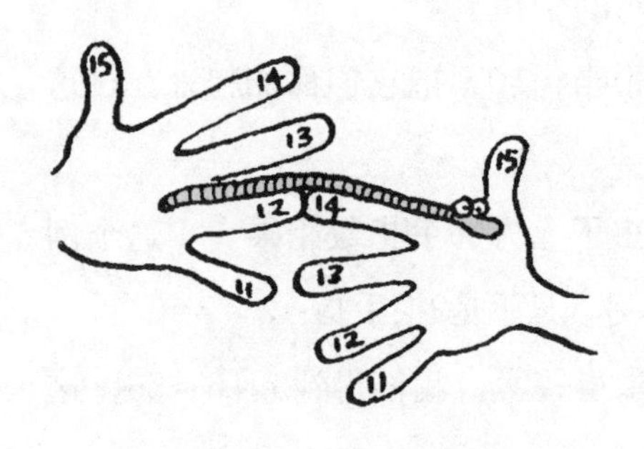

十位：把虫子下方的手指（每根是10）加起来：20+40 = 60

个位：把虫子下方的手指数相乘：2×4 = 8

再多加100

总和 = 168

（正确。12×14 = 168）

试着算一下其他数如13×13或15×11。只要记住个位数使用的是虫子下方的手指，而且不要忘记最后还要额外加100。

到 20 的乘法

你甚至可以算17×19！想象手指标上16到20的数字，接着把标有“17”和“19”的手指相对，然后按下面的步骤计算：

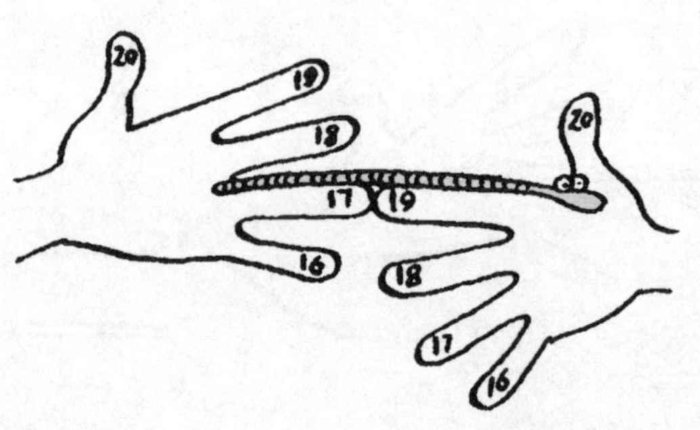

虫子下方的每根手指代表20，因此2+4 = 6根手指，6×20 = 120

把虫子上方的手指数相乘求得个位数：3×1 = 3

然后再加上200

总和 = 323

这一次，虫子下方的手指每根代表20，而且是用虫子上方的手指数求个位数。最后，再加上200求得最终答案。

我怎样才能算出12 × 18呢?

如果把不同范围的数字搞混了，事情会变得非常复杂。除非你准备做一次大手术……

当手指说话时

在上次沙龙时……
我敢打赌我手里有张牌比你的都大，布莱特。
哦，是吗?

布莱特绝不会怀疑我的牌其实是张3!

噌地往前推

布莱特·舒福勒和里维波特·李尔都知道，可以用手指轻松暗示1到10之间的数字，但是对于更大的数字该怎么办呢？

老实说，把一条腿举起来，用脚指头来表示数字15不是一个体面的方式。对于充当间谍的酒吧男服务员而言，如果有个朋友帮他共同来对付李尔的牌，事情会容易些……

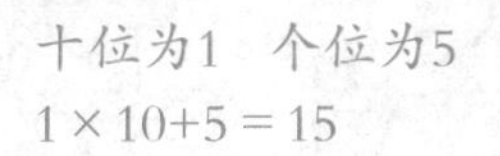
十位为1　个位为5
1×10+5＝15

十位为5　个位为9
5×10+9＝59

男服务员表示个位数字是多少，而女服务员表示十位是多少，这是一套很简便的方法。但问题是，李尔还会让他们站在身后打手势吗？

哦，亲爱的，现在男服务员如何来表示9呢？在他把手指绑住之前还可以，可是现在有些手指被绑在一块儿了，他能表示的最大数字是8。办法是女服务员可以表示李尔牌面数字包括几个8，下面就是现在他们怎样来暗示李尔的牌：

1个8+7个1

$1\times8+7=15$

7个8+3个1

$7\times8+3=56+3=59$

以8为基数的数制

通常我们在写数字时，使用的都是“以10为基数”的数制，这意味着对于任何一个小于10的数字，我们有不同的记号：0、1、2、3、4、5、6、7、8和9。可是我们在写“十”时，没有专门的符号来表示，因此我们把“1”和“0”放在一起，就像这样：10。我们习惯于这么一个事实：如果有一个两位数字，左边的数字表示10的倍数。对于一个长的数字如365，我们能立刻知道每一位数字代表什么，因为每一位都是它后面那位的10倍。

以10为基数的数制

3　6　5

10的10倍 $= 10 \times 10$ = 100's　十位　个位

这个数字等于

$3 \times 100 = 300$

$+6 \times 10 = 60$

$+5 \times 1 = 5$

总和：365_{10}

（如果你想说明你使用的是以10为基数的数制，你应当在数字右下角标一个小10，就像这样：365_{10}。当你看到它时，就不会混淆了。）

我们想当然地认为数字都属于以10为基数的数制，因为我们有10根手指头。但是当男服务员和女服务员两人都伤了几根手指后，他们不得不使用以8为基数的数制。

以8为基数的数制只有8个不同的符号：0、1、2、3、4、5、6和7。当你想写8时，把“1”和“0”放在一起组成“10”，现在左边的数字代表8的倍数。

这有点儿让人感到迷惑：如果你使用以8为基数的数制，当看到“10”时，不要认为它是“10”，也不能管它叫“10”，它是“8”！此外，如果你看到以8为基数的数制的“365”，“3”所在的位置代表“8的8倍”，因此它等于3×64。以下是365_8在以10为基数的数制中等于多少：

答案求出来了！ $365_8 = 245_{10}$

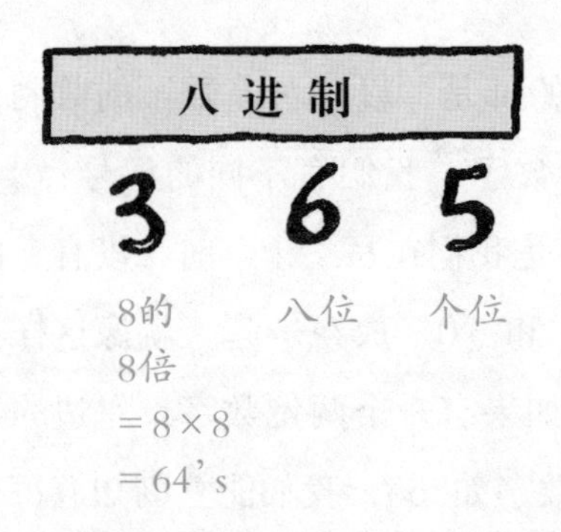

这个数字等于

$3\times64=192$

$+6\times8=48$

$+5\times1=5$

总和 $=245_{10}$

看起来有些古怪，因为在以8为基数的数制中，“365”有了完全不同的含义。例如，365_8不再是一年所包含的天数了！当女服务员和男服务员想暗示李尔的“梅花59”时，用10个指头，他俩都可以表示5和9。可是当他们每人只有8个手指时，他们可以显示7和3，那是因为$73_8 = 59_{10}$。

其他进制

十进制起源于1500年前的印度，后来逐渐得到改进，其间，阿拉伯商人做出了特别大的贡献。下面是他们曾经使用过的符号：

阿拉伯

印度

十进制得到广泛应用，是因为我们都有10根手指头（也可称作位数）。但是其他进制也一直在应用，例如二十进制是基于人们的手指和脚趾而发明的，每一位数都是它右边位数的20倍，因此十进制的80在二十进制中等于40。在法国，二十进制仍没有被遗弃，因为法国人在说“80”时读“quatre-vingts”，意思是“4个20”。

可是，如果你想见识一个真正酷的进制，你就得回到4000

年前，看一下古巴比伦人使用的六十进制。他们使用小箭头来表示0～59间的数字，但是当他们写60时，他们会使用自己独创的类似“10”的形式。以下是巴比伦人表示数字15834的写法：

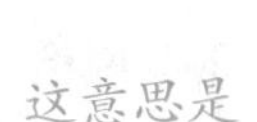

这个数字是

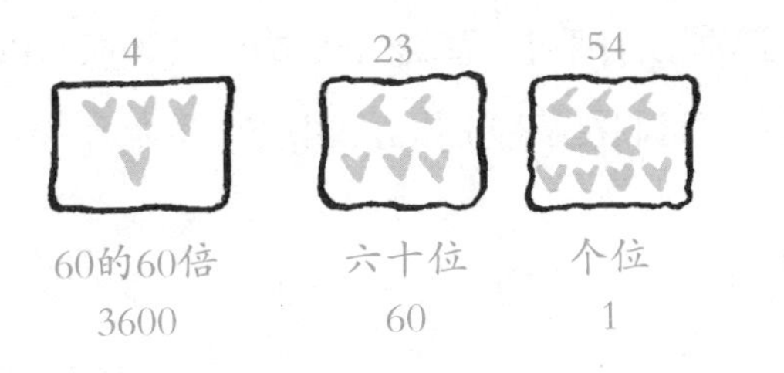

$4 \times 3600 = 14400$

$+23 \times 60 = 1380$

$+54 \times 1 = 54$

总和 = 15834

那么，为什么人们想使用六十进制呢？

这样用着方便！
我们的日历一年是360天，等于6 × 60。
一个圆有360度，我们画天空时用得着。
60可以被2、3、4、5、6、10、12、15、20和30整除。

他们使用六十进制，努力做着各种最要命的运算，有的位数长达17位。换成在我们这个时代，如果用十进制，那些数字会有30000000000000000000000000000 这么大，当然他们没有计算器可以帮忙！顺便问一下，你曾经疑惑过为什么1分钟有60秒以及1小时有60分钟吗？你猜中了——这正是古巴比伦人的贡献。

世界上不同地区的人一直都使用各种进制，与世隔绝的部落创造出自己的进制，如五进制，是根据每只手有5根手指而来的；有的甚至使用三进制，起源于每根手指有3个关节。悲哀的是，大多数部落现在都已经淹没于这个世界中。在这个世界上，每个人都希望别人穿牛仔服、喝塑料瓶装饮料、用移动电话叽里呱啦说话，以及使用十进制。但是，那并不意味着十进制已经彻底统治了世界！

世界上最大的数字运算器没有手指、脚趾或关节可用，它们只有开关，这就是为什么特殊数字进制在某种工作方式中充满生命力……

计算机

过去的计算机大约有一座教堂那么大，浑身上下都是磁铁、电线、红色的发热二极管，还有一些非常重要的运行起来会发出沉闷声音的部件。它们没有漂亮的显示屏，也没有可以到处移动的鼠标指针，它们只能通过一系列灯泡的开和关来传达信息。

如果你的计算机前部只有一只灯泡，它只能给你两个可能的答案，这会限制你所提的问题。

问题是如果你问它1+1等于几，它不可能用一只灯泡来显示出答案等于“2”。可是，如果你的计算机是有两只灯泡的“豪爵号”计算机，就可以做下面的计算了：

更让人兴奋的是，它还能计算1+2。

计算机是以2为基数的或者说是二进制，每一位都是它右边位数的2倍。两只灯泡都亮着表示答案包括一个“2”和一个“1”，结果等于3。这一进制有好的一面也有坏的一面，好的方面是可以通过灯泡的亮和灭表示任意一个数字，坏的方面是你需要大量的灯泡!

“奇迹号”计算机有7只灯泡，以下是每只灯泡代表的数字：

你会注意到，每只灯泡上的数字都是它右边的2倍。同时，你注意到标有数字64、8、4和1的灯泡是亮着的，所以计算机在显示数字：64+8+4+1=77。

下面表中是同一台计算机怎样表示其他一些数字，以及这些数字用“二进制”如何表示：

数字	每只灯泡代表的数值 64	32	16	8	4	2	1	二进制
2								10
5								101
31								11111
32								100000
100								1100100
127								1111111

现在的计算机不会这么有趣了，但是它们的工作方式是一样的。它们使用4位长的二进制，最小的数字是0000，代表0；最大的数字是1111，代表15。可是人们为某件事编制程序时，给那么多的1和0打孔实在是件沉闷的工作，因此计算机采用以16为基数

的方式，时髦叫法是十六进制。有趣的是，在十六进制中“10”代表16，那么怎样来表示10、11、12、13、14和15呢？答案是用字母A、B、C、D、E和F来表示。下面是部分十进制的数字在转换为十六进制后是多少：

十进制	1	2	3	4	5	6	7	8	9	10	11	12	13	14	15	16
十六进制	1	2	3	4	5	6	7	8	9	A	B	C	D	E	F	10

十进制	17	20	31	32	33	100	200	255	256	4095
十六进制	11	14	1F	20	21	64	C8	FF	100	FFF

奇怪的运算

如果你使用科学计算器，会发现可以选择不同的进制。用不同的进制做运算会求出不同的结果，让你感到头大如斗！

“DEC”是常规的十进制。

“BIN”是二进制。

“OCT”是八进制。

“HEX”是十六进制。

如果你使用计算机，看一下“程序/附件”中的计算器，你可以把它转换为科学模式后，选择任意一种进制。

你会发现：在BIN模式下，只能输入0或1；在OCT模式下不能输入8和9；但是在HEX模式下可以输入任何一个数字或A～F。

下面是一些奇怪的测验：

▶ 找一个大一点儿的数字，然后转换为不同进制。例如DEC模式下的1234转换为BIN模式后为10011010010，OCT模式的2322转换为HEX模式后为4D2。

▶ 在什么情况下数字2989、4011和57007会变成BAD、FAB和DEAF?

▶ 试着计算BIN模式下11×11，然后用其他进制做同样计算。所得答案看起来一样，但是它们代表的数字大小可不同!

▶ 试着在OCT和HEX模式下，计算一些9×9乘法表中的算式，如6×7或5×5，答案会让你大吃一惊的!

手指上的数字

男服务员手指痊愈，又能重新使用10根手指了，他用二进制可以表示0到1023间的任意数字。

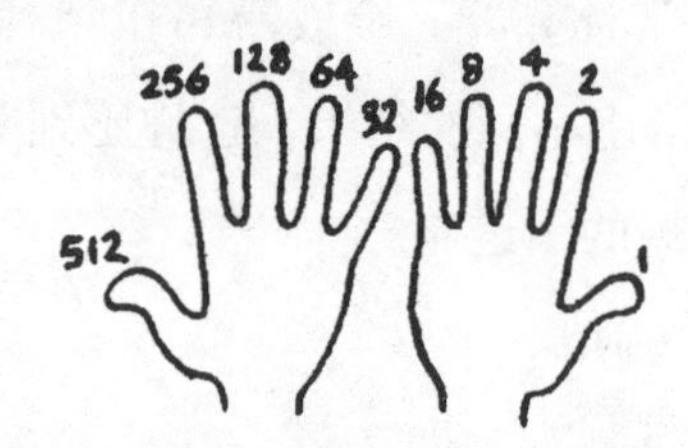

所以当李尔手里拿着一张“方块947”时，布莱特立刻就会知道……

呃……那是512加256等于……呃……768，加上128等于……

结语

本章从头到尾我们一直在说，你有10根手指。可是如果你一时头脑发热，写信告诉我们说，实际我们有8根手指和2根大拇指，请你记住，“经典数学”办公室里有一台古老的算术问题清理机，以前由独斧开山乌尔古姆掌管。实际上它不做任何运算，但是它在处理一些讨厌的信件时可是有一手！

极其无用的数字

数学中最让人满足而又无用的是完全数。只要求满足一个条件：它必须等于除它本身外的各因子之和。这听起来有些乏味，但让我们看一下最小的完全数，也就是6。整除6的数字有1、2、3（除6本身外）。它完美的原因是，把这些因子都加起来：1+2+3=6。

下一个完全数是28，我们把它所有的因子（除28外）加起来：1+2+4+7+14 =28。

在古代，对于数学家们找到的完全数，不同信仰的人们纷纷找寻各种理由来证明它们的完美：

不幸的是，找到下一个完全数很费事，它是496，再下一个是8128，而为这些数找到恰当的理由却变得十分困难：

此外，还有一个大悬念：

寻找完全数

让普通人（例如，那些不是纯粹数学家的人）对完全数大感兴趣的是，当我们停下来，回想探究这些数字所花费的努力时的情形。假设已经发现8128是一个完全数，你和一帮纯粹数学家朋友坐下来讨论谁会第一个发现下一个完全数。

这不值得思索，是吗？看一下第一批完全数6、28、496、8128，有理由假定下一个完全数在小于50000的区域内。为了保证不会遗漏，你可以从20000开始检验，一直检验下去。你每次在检验一个不同的数字时，都忍不住会想“这个数字可能是完全数！”。你这么兴奋以致完全失眠。你检验的数字越多，就会越兴奋。当你意识到寻找下一个数字就像在干柴堆里寻找一根针那么困难时，已经为时太晚。

当检验100000时，你怀疑自己可能已经漏掉了完全数，因此你又返回20000去，重新开始往后检验所有的数字。在几年没日没夜的检验和重复检验后，你意识到在8128至100000之间不存在完全数，因此你不得不又从100000开始检验。寻找下一个完全数看起来像在澳大利亚那么大的柴堆中寻找一根针一样艰巨。这时候你会问自己：

哦，可怜的孩子！现在不仅是像在澳大利亚那么大的柴堆中寻找一根针，而且可能根本就没有针。但是，花费毕生时间去寻找可能不存在的东西，会给你一种良好的感觉，因为你是纯粹数学家！是的，你们全都是疯子，但是你们又都有巨大的勇气献身于疯狂的事业。这就是人们为什么喜欢你们，给你们带一些好吃的东西，看一下你们是否定期洗澡的原因了。

最后你检验到1000000，你把它分解为所有因子，然后加起来，最终你发出一声长叹，意识到正像以前检验过的991872个数字一样，它也不是完全数。现在是否到了该放弃的时刻？上一个完全数是8128，那么现在你们一定已经超出完全数的范围了。你和你的朋友们已经证实只有4个完全数，因此你决定放弃。你和同伴挥手告别，然后上床睡觉。虽然躺下了，但是你却并没有放松……

你试图入睡，却断断续续地梦到一串串漂亮的数字整齐地组成1000001，分解出奇妙的因子数列，然后整齐地排队相加，正好等于神奇的1000001。你一下子从床上爬起，在几个小时的疯狂计算后，你意识到刚才的一切纯粹就是梦。1000001不是完全数，那1000002呢？你又重拾以往的生活。许多年后……

最后，你满意地想，只存在4个完全数，你不用再证明了。你慢慢地闭上双眼，呼吸均匀而绵长。你开始逐渐漂离以往的生活，愉快地忘却过去。这时，传来一阵急促的敲门声，开始你没听到，但随后听到你的一位老朋友激动的声音……

我找到了！
找到什么？
下一个完全数！

33550336。
啊！
瞧！

这是第五个完全数！是你以前所说的根本不存在的数！
我找到最大的完全数了，我会流芳百世、名垂数学青史！

你不能证明它是最大的！
但你也不能证明它不是啊！

我当然可以……
因为我要找到下一个！

确实，最终你找到了下一个完全数，它不在千万之内，甚至不在几亿之内，但当你检验到几十亿时，你终于找到了。

但可悲的是，你不能告诉任何人，因为你找到它已经是几百年以后的事了。

真相

实际上这个故事不是真的，因为有几种方法可以帮你找到完全数。但它也是人们偶然发现的，而且省略了中间过程，要不然会需要大量检验以及几百年的时间。给你算一下大概花了多长时间，大约在公元前500年，人们发现6等于它的因子之和，可是直到公元前275年才找到求完全数的妙招，是杰出的希腊人欧几里得计算出了求完全数的公式，就是下面的公式：

紧张的“经典数学”的读者可能希望跳过下面这部分内容，因为我们准备讲解幂、质数和完全数。如果你觉得自己一时看不懂，你可以在“悲哀之处”那节重新加入我们，就在第138页；但是，如果你觉得自己够精明，就继续读下去。

你需要做的，是给“n”赋一个数值，然后代入公式——但要切记括号内的结果必须是质数，而这只有在“n”本身是质数时才会成立。（你还记得“质数嫌疑犯”那章的默舍尼质数吗？现在又出现了。）换句话说，我们只需要把2，3，5，7，11，13，17，19等代入“n”。

如果你把2赋值给n代入，括号内就成了（2^2-1），算一下得$4-1=3$。太好了！我们求的是质数，所以我们现在把2代入整个公式，得到：

$2^{2-1}\times(2^2-1)$，继续求解得$2^1\times(2^2-1)$，然后：$2\times3=6$。

我们知道6是一个完全数，因此公式成立！

现在我们让$n=3$，括号内的部分就是（2^3-1）=（$8-1$）=7，也是质数，因此公式成立，这一次求出的完全数是28。

我们再检验下一个质数：

▶ （2^5-1）= 31，是质数！因此我们把$n=5$代入公式，得到：$2^{5-1}\times(2^5-1)=2^4\times(2^5-1)=16\times31=496$，它是下一个完全数。耶！

▶ （2^7-1）=127是质数！把$n=7$代入公式，求得完全数8128。

▶ （$2^{11}-1$）= 2047，几百年前我们就知道它不是质数，因为$23\times89=2047$。擦干眼泪，向后转，我们继续前行……

▶ $(2^{13}-1)=8191$是质数，把$n=13$代入公式，得到$2^{13-1}\times(2^{13}-1)=2^{12}\times(2^{13}-1)=4096\times8191=33550336$。

就是它！我们很快就求得了那个大完全数。即使你不再继续算下去，你也得承认这实在是一个求完全数的快捷方法，比把几百亿的大数分解，然后把因子相加的方法快得多。

顺便说一下，后几个代入“n”的数字是17、19和31，都求出了默舍尼质数和完全数。但随后一下就飞跃到了$n=61$，我们不知道为什么会有这么大的飞跃，但事实确实如此。

悲哀之处

虽然欧儿里得在2300年前就发明了这个公式，但是一直没有人能求出第五个完全数，直到1456年（已经是17个世纪之后的事了）。即使，利用大型计算机夜以继日地运算，目前也只能计算出第39个完全数，其时是在2001年11月，人们发现了第39个默舍尼质数。给你一个他们处理这些问题的概念，这是第31个完全数：$2^{216090}\times(2^{216091}-1)$。

你会看到，人们一般采用欧儿里得公式来表示这些大的完全数。你可能会想，“经典数学”工厂里的这些家伙多么懒啊，为什么不计算这个算式，把结果印出来呢？其实这是有充足理由的——第31个完全数有130099位数，如果把它印在与本书一样大小的书上，会印满整本书！而且有一点就更甭提了——会让人厌恶透顶，难以读下去。

如果说第31个完全数非常大，但与第39个完全数相比，它只是一粒小花生米。第39个完全数有8200000位数，像本书这样大小的书，会印满60本！

完全数实例

▶ 写下任意一个完全数，写出它的所有因子。（如果你写下的完全数是6，就写出6、3、2、1）。在每个数上面放1，把它们都变为分数，然后全部加起来……答案总是2！

用6来试试：$\frac{1}{6}+\frac{1}{1}+\frac{1}{2}+\frac{1}{3}=2$。

如果用28来试试：$\frac{1}{1}+\frac{1}{2}+\frac{1}{4}+\frac{1}{7}+\frac{1}{14}+\frac{1}{28}=2$。

如果用33550336试试，那你会很头疼的。

▶ 所有的完全数都是三角（形）数。

▶ 除6以外，所有的完全数都是一系列奇数的立方和。换句话说，$28 = 1^3+3^3$，$496 = 1^3+3^3+5^3+7^3$。我们甚至检验了33550336，发现它等于$1^3+3^3+5^3+\cdots$一直加下去直到$\cdots+127^3$。

▶ 它们似乎都是以6或8结尾。

▶ 如果把它们减去1（除6外），都可被9整除。

▶ 它们全无用处。

名垂青史的第一次机会

在“经典数学”丛书中，你会经常碰到能够名垂青史的机遇。为了证明这一点，一会儿将提到一位16岁的少年，数学家们永远不会忘记他的名字。本节会给你提供两个机遇。

下面是第一个机遇——你能找到一个不符合欧几里得公式的完全数吗？如果你能找到，你就可以出名了，但那已经是人们在月球上定居之后的事了！（或许有一个很小的完全数等着你，而别人都遗漏了它。）

如果你能发现一个是奇数的完全数，那就更棒了！因为到目前为止，数学圈的人们只发现了偶数的完全数，他们有些烦了。那样你会出名的。但那已经是人们居住到火星上很久以后的事了，而且他们可以去遥远的银河星系旅游度假。

提示：由于这是一项非常要命的工作，在你开始寻找之前给你一条线索——所有10^{300}之内的奇数都已经检验过了，因此要从比它大的数开始寻找。顺便提一下，10^{300}就是1的后面有300个零。你现在还等什么呢？赶快行动吧。

亏量和余量

“亏量”数字是指除它本身外的因子之和小于它本身。21就是一个亏量数字，因为它的因子（21除外）只有1、3、7，加起来等于11。极度亏量数字是质数，因为所有质数（除它本身外）只有一个因子1。一个孤独的小1加起来还等于1。很凄惨，是吧？

同时，还存在“余量”数字，它的因子（除它本身外）之和大于它本身。数字30的因子（30除外）有1、2、3、5、6、10和15，加起来等于42。

154345556085770649600这个数需要提一下。它的因子之和等于926073336514623897600，正好是它的6倍。

如果你真的够聪明，你一定会找到轻度亏量数字，它的因子（除它本身外）之和比自身小1。例如8，因为它的因子（8除外）之和是1+2+4＝7。有趣的是，2的任何次方都是轻度亏量数字。例如2^7＝128，它的因子（128除外）有1、2、4、8、16、32、64，如果把它们相加，和等于127。

荣誉无用奖

名垂青史的第二次机会

如我们刚才所提到的，轻度亏量数字是该数所有因子（除它本身外）之和比它自身小1。那么很显然，轻度余量数字就是该数所有因子之和比它自身大1。有一个小问题——目前还没有人发现过一个轻度余量数字！但是，纯粹数学家们正怨自己不争气，把自己踢得鲜血淋淋的，因为他们不能证明不存在轻度余量数字。因此，如果你能找到，他们会非常感激你的。更不用说他们会排队抢着和你一块儿合影留念，而且会送你一张奇怪的圣诞贺卡，卡上的签名你永远也认不出来。

友爱数字

你能想象出当那些纯粹的数学家发现137438691328和2305843008139952128是第七个和第八个完全数时的那种激动的心情吗？他们中的一些人十分狂热，在茶里放了3大块糖庆贺，而且睡到9点多也不起床，有传闻说其中一位甚至吃了自己的衬衫。问题是，这样的野兽行径会让人怀疑他们的灵魂中根本没有地方来存放正常的人类情感。但是你错了，在特定的情景下，他们也会变得特别缠绵……

220和284被称作“亲密”或“友爱”数字，因为它们的因子（除它们自身外）之和正好等于对方。几千年来，人们认为它们是唯一的一对。直到1636年，法国人蒙旭尔·费马发现了另一对：17296和18416。他引发了这一风潮，不久之后，所有数学天才都开始寻找越来越大的友爱数字对。

会见一个名垂青史的16岁少年

下面讲述一个关于友爱数字的简短故事：所有人都在几万到几十万间寻找新的友爱数字。但是在1867年，一个叫尼古拉·帕纳尼尼的意大利16岁少年找出一对很小的友爱数字：1184和1210，所有人都漏掉了这对。所有专家都认为对它了如指掌——却突然发现自己原来并不是那么聪明！坦白地说，你认为今天有多少16岁的孩子，他们的名字能够在140年后出版的新书中不断被提到呢？

9的世界

欢迎来到奇异的9的世界。

9

它看起来像一个普通数字，是吧？但是，不要被它愚弄了。因为在所有数字中，9可能是最神秘的。如果它给你展示一些奇特的本事，会让你目瞪口呆，而且它可以帮你玩一些愚弄人的小花样！

乘法表中9的3个戏法

9×1 = 09
9×2 = 18
9×3 = 27
9×4 = 36
9×5 = 45
9×6 = 54
9×7 = 63
9×8 = 72
9×9 = 81
9×10 = 90

十位　个位

第一个戏法

看一下上页答案的个位数那一列，你会发现是按9、8、7、6、5、4、3、2、1、0排列的；再看一下十位数那一列，它是按0、1、2、3、4、5、6、7、8、9排列的，很整齐，是吧？可是，这一张表中还有更精彩的东西，而我们却不知道。一个来自约克郡的“经典数学”爱好者发现了它，他叫汤姆·约翰逊，才12岁，他说……

09182736455463728190
如果你把答案写成一行，这行数字从前往后和从后往前的顺序相同！
啊！真是个天才！
汤姆·约翰逊

第二个戏法

选两个不相等的两位数，要求是这两个数的各位相加之和必须相等（例如你可以选83和29，因为8+3＝11，2+9＝11）。用其中较大的数减去较小的数，差总会是9的倍数！在本例中83−29＝54。

第三个戏法（用计算器可以显示余数）

- 取一个计算器，输入1～8之间的任意一个数。
- 键入÷9=。
- 屏幕会出现你第一次输入的那个数！

不要以为这个戏法只能糊弄那些很小的孩子、鹦鹉、高智商的水生物以及日间电视节目主持人，实际上它可不像表面那样毫无意义。我们知道，在进行除法计算时计算器非常愚蠢，因为如果结果有余数，它不告诉你是多少，或者帮你把它转化为分数。可是，有一个数例外——当你用9做除数时，计算器可以告诉你余数是多少！输入任意一个你喜欢的大一点的数，例如517，用9去除，商等于57.444444……小数点前的数字是答案，小数点后的部分会告诉你余数是多少。也就是说，517除以9等于57，余数是4。如果你试试下一个数，也就是518，用9去除，商等于57.55555……换言之，答案是57，余数是5，这正是你所希望的。

关于9的特殊才能就讲这么多了，现在到了……

穿上华丽的衣装，放起醉人的音乐，开启迷幻的灯光，拉开厚厚的帷幕，轻盈地跳上舞台，你会把他们震晕的！

首先你需要一名观众志愿者，所以你把马尔科姆找来。当你把他拉上舞台时，四周响起一阵友好的掌声，因为他们放心了，你不会糊弄他们。

顺便说一句，让观众仔细审查马尔科姆的运算过程，这个主意很好。一定要确信他能正确算出来！你甚至可以借计算器给一位观众，以便他或她充当“裁判”。

马尔科姆，任选一个数字。
3怎么样？
不，一个大一点儿的数字！
47呢？
这个数听起来大吗？
不！
我的意思是一个很大很大的数！
这个数怎么样？
51390128
仍然有些小，但就这样吧。现在把这个数各位打乱，写在下面。
51390128
23589011
然后用较大的数减去较小的数……
51390128
-23589011
27801117

不用看，我就可以告诉你答案可以被9整除！
哦，是吗？
9)27801117
啊！非常正确！
3089013
9)27801117
震耳欲聋的鼓掌声

缺失的数字

这个节目和刚才那个大数游戏一样，但是如果你知道数字根，就会有一个圆满的结局。如果你想造成真正的轰动，在开始前蒙上眼睛，把自己隔离开来，这样就不会看到马尔科姆在干什么了！提醒你，要确信马尔科姆能忠实地按照你的指令操作，保证结果正确。

选一个数字，马尔科姆。

像上一个节目那样，让马尔科姆写下一个很大的数字，然后还是把这个数各位打乱后写在下面。接着，用较大的数减去较小的数，告诉他写下答案。到现在为止，一直都还不错。但不要再说这个数字可以被9整除了，因为这不是刚才那个游戏了。我们假定马尔科姆已经做完了前几步，结果还是和以前一样，等于27801117……

秘密：当马尔科姆告诉你他最后写下的数时，你只要把该数各位相加，求出数字根（经过练习，你能很快地心算出结果）。

▶ 如果马尔科姆写出的数的数字根是9，那么他圈的那个数也是9！

▶ 否则，你一算出数字根，只要用9减去它，就能求出马尔科姆圈的那个数！

在这个例子中，当马尔科姆说出他最后写下的数字是1081277，你把它们加起来：1+0+8+1+2+7+7，和是26，然后再继续求2+6，得到数字根是8；然后计算出9-8，结果就是马尔科姆圈的数字“1”。

下面是刚才节目的便捷操作指南：

1. 马尔科姆写下任意一个大数。

2. 他把这个数的各位打乱后，再写出来。

3. 然后用较大的数减去较小的数。

4. 求出答案后，用圆圈圈住任意一位数字，0除外。

5. 他把答案的其他位数再次打乱后，告诉你最后的数字是什么。

6. 你把最后的数的各位相加，求出数字根。

7. 如果数字根是9，那么你就会知道马尔科姆圈的是9。如果数字根是其他数字，用9减去它，就能求出马尔科姆圈的那个数。

记住——你对马尔科姆刚开始写下的数字一无所知，你也不知道相减后的差，你根本看不到打乱后的数字是多少，也看不见他圈的数字是哪个，可是你仍然能正确说出答案，这个戏法真是可怕！

一个快捷聪明的游戏

▶ 请马尔科姆写下任意一个三位数——但每一位上的数必须各不相同（假定他写下的是375）。

▶ 请他反着把这个数字再写一遍（写出来是这样：573）。

▶ 用较大的数减去较小的数（573−375＝198）。

▶ 问他答案的第一位数是多少（他回答是“1”）。

▶ 你就能说出其他两位是多少（你说是“9”和“8”）！

这很简单，因为无论他开始写的三位数是多少，最终只有9种不同的结果：99，198，297，396，495，594，693，792和891。

▶ 如果马尔科姆说第一位数字是“9”，那你就会立刻知道他的结果是“99”，因此你就说另一位数字也是9（他也可能说是“0”，答案实际也是99）。

▶ 可是，如果马尔科姆说他的第一位数字在1到8之间，那你知道中间那位始终是9，首位和末位相加等于9。假如马尔科姆说第一位是“3”，那么答案一定是“396”（因为3+6＝9）。你可以连一秒都不用，就算出他的后两位是9和6。

顺便提一句，如果你把马尔科姆的答案反过来，再加上原来的答案，结果总等于1089。例如，396+693＝1089或990+099＝1089。最奇特的是，不管马尔科姆刚开始写下的数字是什么！

数字预测

这儿有一个让人毛骨悚然的把戏，你可以再次使用你的秘密武器——数字9！可是，在游戏开始之前，你需要进行一些简单的练习。写下一个很长的数，例如670198。在它下面你写出一个“补九”数，就像这样：

670198
329801

如果你把这两个数字相加，结果等于999999——这就是怎样求得“补九”数字的秘籍。你从第一个数字开始，每一位用9去减，结果写到下面。上面数字的第一位是6，因此用9去减，得3；下一位是9减7得2；等等。写出任意一个数的“补九”数字并不需要太多的练习，当你练习熟练时，就可以进行这项非常吓人的游戏了！

邀请马尔科姆再次友情客串（如果他已经从缺失的数字那个游戏中回过神来），请他在一张纸的中央写下任意一个六位数。当他写的时候，你写下你的预测。

接下来，你请马尔科姆在刚才的数上面再写两个六位数，情形可能是这样：

现在，你说你准备再在上面写几个数字，马尔科姆只会想可能是刚才写下的数字，但实际上你把上面数字的“补九”数字写在下面。

你写得越快，就越像你是随意写了几个数字。

然后你让马尔科姆把所有5个数相加，你假装嫌他算得太慢，借给他一个计算器，最后：

多么刺激的游戏啊，是吧？但是，如果你能正确写出“补九”数字，它是多么简单啊。当马尔科姆写下第一个数字（在这个例子中是478309）时，你减去2后写在纸条上（在本例中是478307），然后你在前面填一个“2”！这就是478309会变成2478307的技巧！

这一招成功的秘密是，在马尔科姆写下第一个数后，又给这个数加上了两个999999。这等于给它加上2000000然后减去2！假设马尔科姆写下的第一个数是978501，你的“补九”数字会让答案等于2978499，而不管他后来写的其他两个数字是什么。

如果你胆子够大，你可以用七位数或八位数（甚至更多位数）来玩这个游戏。在写下预测时，只要使用同一招——把马尔科姆第一次写下的数减去2，然后在数字的最前面再多添一个2！如果第一次写下的数是86936742，在纸条上就写下286936740。

9和1089的两个实例

我们已经看见1089在本书中出现了好几次，如果你逐渐喜欢上了这个数字，没有人会责怪你。以下是专门为你准备的，这个数还有两个神奇的地方：

▶ 1089×9=9801，正好是1089的反序排列！（对于10989，109989或1099989同样适用。）

▶ 1÷1089=0.00091827364554637281 9…

如果你还记得我们在哪儿见到过这串数字，你就会明白它为什么能获奖！

特别愚蠢奖

“9”的历程

最后，有一件奇怪的事，它与数学根本不沾边，但是同样有趣：

在扑克牌中，方块9过去被认为带有不好的含义

这可能是因为一段最肮脏的苏格兰历史——格陵兰大屠杀——是斯泰尔伯爵犯下的罪行，他外衣袖子上有9个菱形图案。

在扑克发明后的多年来，方块9一直代表特定含义，当它出现时，通常意味着情况不妙。

疯狂之夜与魔幻数字

现在是数字世界早餐时间，阳光明媚，鸟儿啾啾地叫，17+9=26，每件事都那么美好、那么有序。

午餐时间到了，朵朵白云掠过天空，23-16=7。如果你觉得有点烦，你可以交换一下减数和被减数的位置，得到16-23=-7。哦！你求出一个负7，这是怎么回事。开个玩笑，赶紧给它再加上8，-7+8=1，现在没什么可担心的了，是吧？

到了喝茶时间（一般在下午5时左右），把你的小松饼烤在火上，5×7=35，看到这些胖嘟嘟的数字运算正常，让人觉得很放心。

夜幕降临了，拉上窗帘，打开灯。外面传来一阵低沉的声音。或许只是微风轻轻刮起的声音。谁会知道？谁会留心？至少这些数字没那么神秘，20÷5=4，没有人会不同意。

你再试一下：7÷8……有什么在拍打着窗户！放松点——是老山毛榉的树枝被风吹得来回摆动。别走神，把注意力集中到7÷8

上。可是答案却不是那些胖嘟嘟的整数！不过，你可以把它转换为一个分数$\frac{7}{8}$。求出这样的答案当然不如求出整数更让人高兴了，但不管怎样，上下两个数都还是整数。或许你把它们输入计算器，结果可能会好些。咔嗒，咔嗒，结果等于0.875。很好，小数点很酷，875看起来很不错，而且也整齐。

窗户上的嘈杂声——是什么刮擦发出的声音吗？不是，你走神了。找些能得出实际结果的可靠算式，来让你的思绪归于平静。试一下9 ÷ 11，当然能得到$\frac{9}{11}$。可你不由得把手伸向计算器，想看看会求出什么结果。

外面传来一声尖叫。

那是什么声音？是一只猫，肯定是只猫。一定是只猫，不然还有什么会发出这种声音。哎呀，真的起风了，窗帘在轻微抖动着。甭管它，拿起计算器，输入9，除以11，等于0.8181818181818……结果当然错啦！两个可爱小巧而又正常的数怎么会求出这么一个怪物？肯定是错了，按清除键，再试一下。9 ÷ 11 = 0.8181818181818……没错呀。计算器屏幕上清晰地显示着，到底怎么回事？你在数字世界里的乱七八糟的运算求出不可控制的小数，它已经超出了计算器显示屏的界限！

你的大脑剧烈斗争着，要领悟这行永不结尾的数字。你知道它从0.81开始，但却休想看到它的结尾。如果你把它写成长长的一行，然后顺着它跑下去，每一步擦掉1000位数字，在你跑完一半路程前，就已经老死了。

你浑身冒着冷汗，打开所有的灯，在房间里踱来踱去。窗外，风儿轻轻地呻吟着。你一定要集中注意力，再仔细看一下计算器：可它确实是一行由8和1组成的数。所以最后一位数不是8就是1。如果它喜欢的话，它可以无限延伸。可是，它就没有什么神秘可言了。哈！该死的除法不会再吓着你了，再试一次：22÷26，得到$\frac{22}{26}$。不要着急，把它放在一边，上床睡觉。但是，为了显示你有多酷，你利用《绝望的分数》一书中的技巧，把分子和分母同时除以2，得到$\frac{11}{13}$，今天晚上就这样了。

收拾一下，走出房间。就在这时，你听到身后咔嗒一声。是计算器掉到地板上了，有趣的是——你记得好像根本没碰过它。捡起来查看一下，好像没什么事！可是，屏幕上显示的是什么？是11。它落地时，按钮肯定被撞了一下。好像计算器开始自己运行，计算这个分数了。你轻轻地笑了，那为什么不把这项任务完成呢？毕竟，所有的数字都不能伤害到你。11÷13等于0.846153846153846l5……

你害怕得缩作一团，这个令人讨厌的数是怎么回事？你的目光没法移开——但当你看着它，突然觉得它确实很温顺，846153这几个数在不断重复，比0.8181818……坏不到哪儿。

有理数

你不必担心这些数字永远不结尾，至少你知道它们是什么。

那是因为任何由两个整数组成的分数都是有理的。有时，就像$\frac{2}{3}$这种分数也被称作比（ratio），“rational（有理的）”这个词就是由它而来的。你用哪两个整数组成一个分数都没关系，在你把它化成小数时，要么可以得到一个简单的答案，要么得到一系列重复数字。突然，你意识到你可以控制数字了，即使它是无穷长的一串。这太让人高兴了。

雨点敲打着窗户，你正考虑下面这个有趣的问题：

一个小数在循环前，会
有多少位数字呢？

这就要看你的除数是几了。

- 如果除数为3，只会有一个数循环，因为1 ÷ 3=0.33333……。
- 如果除数为11，将会有两个数循环，让我们来计算一下：1 ÷ 11 = 0.09 09 09 09……（我们在每两个数间插入一个空格，来显示循环从哪儿开始）。
- 如果除数为41，结果会怎样呢？将会有5个数循环，1 ÷ 41 = 0.024390243902439……。
- 如果除数为17，结果又会如何呢？将会有16个数循环，1 ÷ 17 = 0.05882352941176470588235294117647……。

小数最大的循环位数是比除数小1的数。除数为17时，可以得到最大的循环位数，因为有16位数在循环。只有质数能求得最大的循环位数。即使这样，大多数质数的循环位数也不大（41是质数，可它循环位数仅仅为5）。97这个数非常了不起，因为它的循环位数最大——换句话说，1 ÷ 97会得到96个数字组成的循环数字。

7这个数会产生特别奇妙的结果，如果你计算一下$\frac{1}{7}$、$\frac{2}{7}$、$\frac{3}{7}$、$\frac{4}{7}$、$\frac{5}{7}$、$\frac{6}{7}$就会发现循环数字总是142857，你只需知道是由哪个数开始循环的，例如：$\frac{4}{7}=0.57142857142857\cdots\cdots$。

如何化简有理数

尽管这些数有这么长一串，一眼看不到尾，让人感到有点惊慌，不过，我们可以利用算术，去掉那些数以百亿计、循环不停的数字。想想下面的例子：

$\frac{1}{11}=0.090909090909\cdots\cdots$

因为有两个循环数字，你把它除以100（是1和两个0），得到$\frac{1}{1100}=0.000909090909\cdots\cdots$。

令人欣慰的是它们都有一个永无止境的长链09090909……，这个长链可以贯穿整个世界直到宇宙。可是，假如你用小数形式算一下$\frac{1}{11}-\frac{1}{1100}$，可以得到：

0.09090909……

－0.00090909……

＝0.09

你得到一个确切的答案0.09，你化简了这个永无止境的链！顺便说一句，你以分数形式计算$\frac{1}{11}-\frac{1}{1100}$，会得到$\frac{99}{1100}$，结果正好等于0.09。

因为$\frac{1}{41}$有5个循环数字，那么你需要计算：$\frac{1}{4100000}$＝0.00000023439023439……。然后，计算$\frac{1}{41}-\frac{1}{4100000}$，你就会发现$\frac{99999}{4100000}$等于0.02439。

就是这样，不论什么魔幻数字想使用魔法来吓唬你，都没关系，每件事都有合理的解释。上床睡觉，好好休息，千万别去考虑那些平方根。

不要担心，毕竟你已知道平方根是什么了，对吗？在本书的前面你见过$\sqrt{}$的，还记得吗？放松你的大脑，下面是怎样求4的平方根：$\sqrt{4}=2$，很小巧，是吧？

现在睡觉……

……也不用去想$\sqrt{5}$怎么计算。

这个数把它自身相乘后等于5。很显然，它要比2大，因为$2 \times 2 = 4$；同时，它也比3小，因为$3 \times 3 = 9$。所以，5的平方根是在2和3之间的某个地方，但请不必担心。

不，$(2\frac{1}{2})^2 = 6\frac{1}{4}$，它有点大。

对不起，$(2\frac{1}{4})^2 = 5\frac{1}{16}$即5.0625，还是有点大。这漆黑的夜啊！

不好意思，$(2\frac{1}{5})^2$是$4\frac{21}{25}$，即4.84，它有点小。当然，如果你真的想知道，计算器上有一个“√‾”键。可是你把计算器放在楼下了，是吧？不要去取了，等到明天早上再算吧！

不行，你一定要知道这个烦人的结果。屋外，狂风狠狠地吹打着树和房屋，你颤抖地把手伸向灯的开关，咔嗒，没亮。你找到手电筒——糟糕！为什么没装新电池？借着微弱闪烁的手电筒灯光，光着脚走到楼下。一束月光穿过窗帘上的缝隙，照在桌边的计算器上。稍作犹豫，拿起它，急忙按下5，手指在神秘的“√‾”键上徘徊，现在上楼还来得及。不！开弓就没有回头箭。你的手指按下了键，它会把你带到一个未知世界……

得出答案了！成百上千万的数字，没有结尾，也没有循环的数字。它毫无意义，像发疯一样，没有逻辑，它就是在无理取闹。

无理数

你不可能把无理数确切地写成普通分数，或是有重复数字的小数。求一个无理数很容易，你只需求一个非完全平方数的平方根。10以下的数中，仅仅1、4、9是完全平方数；如果你求2、3、5、6、7和8的平方根，得到的都是无理数。

还有许多其他次根，求完平方根后还可以求立方根，它也很容易。2的立方为$2^3 = 2 \times 2 \times 2 = 8$，也就是8的立方根是2。然而，9的立方根却是2.0800838230790411……，9的平方根是有理数，并不能防止9的立方根一团糟。

在深夜，陪伴你的是一个彻底疯了的平方根，它在屋里到处乱砸，把你的所有带框相片都从三角钢琴上扔下来。你怎样才能除掉它，尤其是它有永远也算不完的数百万数字，你需要帮助……

显然，解决$\sqrt{5}$问题关键的一点就是$\sqrt{5} \times \sqrt{5} = 5$，所以，只需

要把它平方就能化简掉平方根！如果求一个立方根的立方，也会化简它的。知道了无理数也可以控制后——即使不知道它们确切是多少——你现在可以睡觉去了。

最著名的超越数

它是3.141592653……，任何一个“经典数学”爱好者都知道，通常把它写成“π”，读作“pai”。如果你画一个圆，量出它的

周长，除以直径，就会得到“π”。像“π”这样的超越数与一般的无理数不同之处是，你可以把它翻倍、平方、立方、开方，或者把它和豌豆以及胡萝卜一起炖，或者用蒸汽轧路机轧它，但你仍会得到一个无限长的数，以不可识别的模式一直延续下去。（至少每个人都这样想，这也是超越数美丽的一点，真的很难说出它们是否是超自然的。）

数千年来，π一直是神秘的起源，因为它频繁地出现，可实际上没有人能确切知道它是什么！在其他“经典数学”书中，你会发现更多关于π的东西。可是，我们为本书留了一些最辉煌无用的现象，就是下面这些：

▶ 大部分人只是使用π的近似值，就像3.14或$3\frac{1}{7}$，古希腊人和古埃及人在建筑设计以及进行算术时，都使用非常接近π的数字。然而，古罗马人经常更粗心些，他们甚至不使用$3\frac{1}{7}$，而是使用$3\frac{1}{8}$，因为它便于计算。在某些工作中，他们甚至使用π=4。令人诧异的是，他们华丽的神庙和雕塑并没有因此而倒塌。

▶ 目前，计算机已算出了π的200000000000多亿位数。如果你想让计算机算出更多的数字，不妨先考虑一下这个小问题——你怎么知道那些新数字是正确的？答案是你需要再找一台计算机，用不同的方法计算π，然后看两台计算机是否求得相同的数字。提示：如果你想检查两个结果的数亿位数字是否相同，不用亲自动手，可以用第三台计算机来核对。

▶ 有个π迷俱乐部，如果你想加入，你得默记住前100位数字，就是3.141592653589793238462643383279502884197

1693993751058209749445923078164062862089986280348253421170 67。

（注意！有些人坚持认为是小数点后面100位数字，这样，第一位的“3”就不包括在内了。所以，你就需要多知道一位数。正如你知道的那样，下一个数是9，然后8，再后2，再然后是148086513282306647093844609550582231725 3……嘿！这些是多余的数字。）

▶ 知道开头100个数字太容易了，21岁的日本小伙子西拉由吉·高陶能在9小时内准确背诵π的前42195个数字。甚至一个叫张卓的12岁中国孩子能在25分钟内背诵前4000个数字，这意味着要以每秒3个数字的速率才能完成！他不仅有超强的记忆力，还需要张大嘴，这与在25分钟内大声朗读出本章全部内容类似。来吧，试试看！

▶ 最著名的π迷是德国数学家鲁道夫·冯·古棱，他于1610年去世。他花费了大半生时间，去研究一个有32000000000条边的图形，计算出了π的前35位数字。令人难过的是，在他死后不久，从事各种专业的人们居然一下子找到了许多计算π的简便办法！

不过，他之后的一些德国人还是把π称作“鲁道夫”数。顺便说一句，鲁道夫，如果你现在站在某人身后，越过他的肩阅读这本书，我们对您致以崇高的敬意。哟！

▶ 一个圆有360度，如果你瞧一下π的第359位、第360位和第361位数时，会看到它们是360。

▶ 我们从剑桥大学的休·宏特博士那儿了解到一种π的舞蹈，尽管这种舞蹈看起来很奇怪。剑桥大学培养出数百万像休·宏特博士这样的精英。他告诉我们，在澳大利亚成长学习那段时期，他和他的同学们经常排成一条长长的队，每个人都假定地上放着一台巨大的计算器，当音乐开始时，他们便在虚拟的键上翩翩起舞，好像他们在输入3.141592653…。

所有的人都以同样的方式踩着鼓点跳动，这种方式对那些不知究竟的人来说是极其神秘的。所以下一次你想疯狂地跳摇摆舞，你知道该怎么做了吧。如果它适合剑桥大学的学术精英，那它也完全适合我们。

▶ 如果你能够有机会看到一长串打出来的π值，沿着它数到第53217681704位数（它距首位数字“3” 约有107800公里长）。这位数字是0，后面接下来是1，2，3，4，5，7，8，9，接着又是一个0，这样排列顺序的数字还是第一次出现。

▶ 有些人认为要是计算出π的万亿亿位数，就会从与宇宙并行共存的文明社会中获得神秘信息。还有些人认为上述那些人太愚蠢了。

第二个最重要的超越数

2.718281828459045……就是众所周知的字母"e"。e是"自然对数的底"。哇！听起来很有趣吧？我们会在《特别要命的数学》书中着重讲述它，一言为定，因此赶快订购吧，不然你会失望的。

尽管e在一些已经发明的"经典数学"中应用过，但是你还可以自己构造一个。你所需要的就是一个可以求高次幂的计算器，所以你去找一个有x^y按键的多功能计算器。

下面有一个公式：

$e=(1+\frac{1}{x})^x$，你可以输入你能想到的最大的值。

呃！事实上，这个公式并没有看上去那么不友好，看下面的步骤：

▶ 首先，把10赋值给公式里的x，得$e=(1+\frac{1}{10})^{10}$。

▶ 在计算公式时，先计算括号里的部分。给x赋值为10的原因是$\frac{1}{10}$等于0.1，因此，括号里的数（$1+\frac{1}{10}$）恰好等于1.1。

▶ 最后，你需要用你的计算器计算一下1.1^{10}，按下这些键：1.1 x^y 10=，结果会近似等于2.5937。

这个数与e的精确值相差不多。可是，如果你想求得更精确的e值，需要给x赋值100，括号里就是$1+\frac{1}{100}=1.01$，你再按下这些键：1.01x^y100=，结果等于2.7048，这个结果更接近一些了。

现在再给x赋值1000、10000或100000！求得的结果会越来越接近e值。只是有个小问题，想得到精确的e值，得给x赋值无穷大！

e能干许多奇怪的事情，最有趣的一件事是被大银行用来计算金钱的增长率。当你把钱存进银行时，银行会很高兴，它们会偿还你更多一点的钱。顺便说一句，下面的内容很精彩，我们建议你大声朗读它，即使你不能深刻理解，听起来也会非常有趣。

3个银行经理的故事

假设你有1英镑，把它存入银行，你可以选择3个非常和蔼的银行经理。

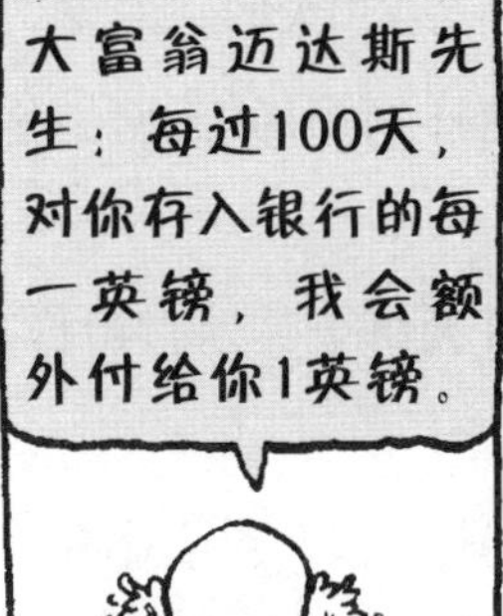
大富翁迈达斯先生：每过100天，对你存入银行的每一英镑，我会额外付给你1英镑。

迈达斯先生

吝啬鬼斯柯瑞吉女士：每过50天，对你存入银行的每一英镑，我会额外付你50分。
斯柯瑞吉女士

吉尼先生：每过10天，对你存入银行的每一英镑，我额外付你10分。
吉尼先生

乍一看，他们好像付给你同样多的利息。可是，利用一丁点儿“经典数学”系列中的知识，可以立刻告诉你应该把钱存在哪里！

让我们看一下100天后，每个银行经理付你多少钱？

▶ 在第100天，对于存入银行的每一英镑，大富翁迈达斯先生额外付给你1英镑，所以最初的1英镑加上额外增加的1英镑，等于2英镑。

▶ 第50天，对于存在银行的每一英镑，吝啬鬼斯柯瑞吉女士另外付给你50分，这样，1 × 50 = 50分，算上已经存入的1英镑，加起来就得到1.5英镑。第100天，对于存入的每一英镑，她会再付50分，这次，你存入的是1.5英镑，1.5 × 50分 = 75分。把这些钱加到原来已经有的1.5英镑上，你就会发现100天后，你有2.25英镑。

▶ 第10天，对于每一英镑，吉尼先生付给你10分，因此到时你会额外多出1 × 10分 = 10分，这时你有1.1英镑；第20天时，他付给你1.1×10分＝11分，这样，总额得1.21英镑；第30天时，总额为1.33英镑；第40天时，总额为1.46英镑……这样到第100天时，你会有2.58英镑。

▶ 现在，假定有第四个银行经理，他每天每一英镑付给你1分，到第100天时你的钱的总额是2.7英镑。

▶ 如果你找到第五个银行经理，每天结账10次，对于你存入的每一英镑每次付给你1/10分……在第100天时，你在银行里的钱数会接近e的值。

即使你不十分了解这些运算，但有非常重要的一点，所有的忠实的“经典数学”读者都应该知道它。如果你发现有个像吉尼先生那样的银行经理，支付钱非常快，那就抓住他，把他看得紧紧的，然后给我们发送紧急信息，告诉我们你已经搞定他了。不论你做什么，在我们到达之前，不要让他溜掉。

e还有一个奇怪的习惯，经常在许多最不该出现的地方露面，但是只有一个地方我们最不能理解，就是下面这个……

有群小伙子去游泳池游泳，可当他们把装束脱掉后，却发现有人偷走了他们的游泳裤。幸亏服务员发现维罗尼卡·古姆福罗斯拎着一包衣服和一副望远镜从观

众走廊里咯咯笑着离开了。当侍者把衣服包拿进男更衣室时，却停电了，整个房间一片漆黑。每个人随手抓了一条泳裤穿在身上。他们这些人全部穿错泳裤的可能性是1/e，即0.3679。换句话说，如果维罗尼卡干了3次这样的恶作剧，你会看到他们这些人全部穿错泳裤的情况应该会至少发生一次。

还有一些其他的超越数，可是现在，看看我们是否能遇到什么怪异的事情……

魔幻数字

月亮已经升起，风也住了，最终你已确信那些大量的无穷延伸的数字根本不存在危险。毕竟，你总能让它们变得完美，也可以化简它们，π变成3.14，如果你要使用e，那2.718应该足够用了。你可以在尺子上标出它们的值。如果尺子可以延长到“0” 的另一端，你就能标出负数，例如–e。

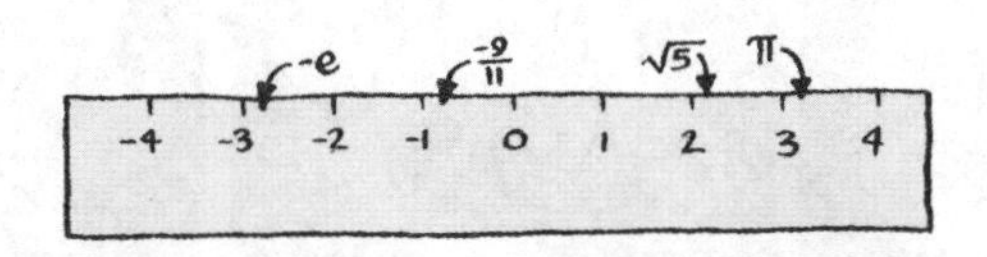

当你回想起那些噩梦般的无理数时，你会抿嘴微笑。现在，所有这些看起来都是那么微不足道。轻轻打个哈欠，提点儿神让每件事情在你的脑中过一遍，$1^2=1$， 因此$\sqrt{1}=1$，太容易了。$(-1)^2$也等于–1吗？很不幸，不等于……

对了。事实上，1的平方根可以等于+1或-1。你甚至可以把这个式子用特殊的加减号表示出来：$\pm\sqrt{1} = \pm 1$。现在，有一个美好的想法可以陪你入睡。可是，当你经过镜子时，一个问题又出现在脑中，你不禁战栗起来：

不可能！你的反应正试图告诉你一些事情……可是，怎么会这样呢？镜中的影像不是真的，你不能触到它，你不可能围绕着它转圈——它纯粹是虚幻的。可是它正在得出负数1的平方根，这就是众所周知的“i”，因为i代表虚数！

无可置疑，这是光搞的鬼。可是，最坏的事情仍然发生了……

i可能是虚数，可是它确实存在！

尽管它看起来有些怪诞，但$i=\sqrt{-1}$是数学中最酷的技巧之一。只要你知道$i\times i=-1$，你就能用i来描述任意负数的平方根。例如，$\sqrt{-9}=3i$，因为$3i\times 3i=-9$。当工程师们设计发电机这样的东西时，他们经常用到i，尽管是用“j”这个字母而不是“i”。因为工程师们的字一向比较难看懂，所以用j可以更清楚易懂些。这儿有一条致生气了的工程师的信息：不要回信抱怨我们，因为我们不会看它的。

那么，你该把这个魔幻数字i标在尺子的哪儿呢？你知道它与-1或1不相同，你也不能把它标在“0”上，因为$0\times 0=0$。

是的，数字i可以在尺子上飘动而不用碰到它！但它是怎么办到的呢？为什么能这样？我们以后会再一次审视它，这一晚学得已经够多了。

太阳出来了，一个优美的公式

夜空泛白，黎明即将到来，你很惊奇地思索一些无辜数字带来的噩梦：无理数的乘方，无穷的超越数，虚数的根。突然，太阳升起来了，金色光芒四射，一切都有了意义。它是如此简单，如此纯粹，如此耀眼地显而易见，它就是：$e^{i\pi}+1=0$。

或许你没有意识到，可是，我们曾经遇到过的天才欧拉却做到了。它看起来似乎很复杂。可是，在经典数学测试实验室中，我们能证明，你仔细思索$e^{i\pi}$然后再加上1，结果等于什么也没有。

……乘π

然后把结果加1。
我♡算术

啊
啊！

结果会等于一无所有！
我♡算术

终极之终极

从本书开始到现在，我们走过了漫长的旅途。可现在我们要探讨更深层次的数字域。我们已经见过一些数字，它们有几十亿、几百亿那么大。现在我们要跨越一大步，跳到无穷大。它太大了，如果你要是去想象它，会把你累坏的——幸好无穷大有个小符号，可以容易地表示为“∞”。

我们一起回过头看看入门的地方，你会想起泰扎·戈登巴斯要安排把无穷多的座位都坐满，可还需要再添一个座位。只要你认为无穷大这个数永无终止，就会有办法……

在1号座上的观众移动到2号座上，2号座上的观众移动到3号座上，依次类推。每个人移动一个座位——为什么不可以这样

做呢？如果有无穷多个座位，那么就不会有人从无穷远的末端掉下去。这样1号座位就空出来了，可以让歌手的妈妈坐在这儿。

令人惊奇的是，最终无穷大加1个人坐在无穷多个座位上，因此，无穷大=无穷大+1。可是，这变得更糟……

“哟，”泰扎对沙克说，“现在演唱会可以开始了。”

“呃……还不行！”沙克说，在沙克身后出现了一个巨大的蛀洞，“似乎还有无穷多的生命形式从反宇宙到来，他们也想坐座位。”

“可是，我们的无穷多座位已经满了啊！”泰扎都急哭了，“我们该怎么办？”

有一个办法！

每个人瞧一下自己的座位号，把它乘2。然后去到新座位号就座。这样，1号座上的人坐到2号座上，2号座上的人坐到4号座上，依次类推。为什么不可以这样做呢？因为有无穷多偶数个座位，所以可以完全容纳无穷多个人。这样，就空出无穷多奇数个座位，可以让所有来自反宇宙的无穷多位观众坐下。

即：2×无穷大=无穷大。

“还有一件事。”沙克说。

泰扎哽咽着问：“什么事？”

“我们只有3个厕所。”

让他奇怪的是，泰扎突然大笑起来。

“放松点，沙克，”她笑着说，“记住，这是流行音乐会，据我所知，流行音乐会上厕所从来都不用。”

最后的裁决

在本书撰写成册过程中，全世界各行各业的“经典数学”爱好者们，投票选出他们认为是最棒的3个极其无用的实例。这些实例非常让人难以置信，我们特意为你把它们都收集起来。瞧，就是下面这几个……

0和2是自身相加之和等于相乘之积的数字。

求10112359550561797752808988764044943820224719乘9的方法是什么？只要把个位上的9移到首位上，就是答案了。它是唯一可以这么干的数字。

最后走之前，我们非常感谢你参与阅读我们的《数字——破解万物的钥匙》这本书。记住，如果你掌握了它，你就真正掌握了揭开宇宙奥秘的钥匙！在我们再次见到你之前，我们把这一轻松击败诸多对手的、万众归心的、超重量级的数学中最最可怜无用的实例，宣布如下……

“经典科学”系列（26册）

肚子里的恶心事儿
丑陋的虫子
显微镜下的怪物
动物惊奇
植物的咒语
臭屁的大脑
神奇的肢体碎片
身体使用手册
杀人疾病全记录
进化之谜
时间揭秘
触电惊魂
力的惊险故事
声音的魔力
神秘莫测的光
能量怪物
化学也疯狂
受苦受难的科学家
改变世界的科学实验
魔鬼头脑训练营
“末日”来临
鏖战飞行
目瞪口呆话发明
动物的狩猎绝招
恐怖的实验
致命毒药

“经典数学”系列（12册）

要命的数学
特别要命的数学
绝望的分数
你真的会＋－×÷吗
数字——破解万物的钥匙
逃不出的怪圈——圆和其他图形
寻找你的幸运星——概率的秘密
测来测去——长度、面积和体积
数学头脑训练营
玩转几何
代数任我行
超级公式

“科学新知”系列（17册）

破案术大全
墓室里的秘密
密码全攻略
外星人的疯狂旅行
魔术全揭秘
超级建筑
超能电脑
电影特技魔法秀
街上流行机器人
美妙的电影
我为音乐狂
巧克力秘闻
神奇的互联网
太空旅行记
消逝的恐龙
艺术家的魔法秀
不为人知的奥运故事

“自然探秘”系列（12册）

惊险南北极
地震了！快跑！
发威的火山
愤怒的河流
绝顶探险
杀人风暴
死亡沙漠
无情的海洋
雨林深处
勇敢者大冒险
鬼怪之湖
荒野之岛

“体验课堂”系列（4册）

体验丛林
体验沙漠
体验鲨鱼
体验宇宙

“中国特辑”系列（1册）

谁来拯救地球

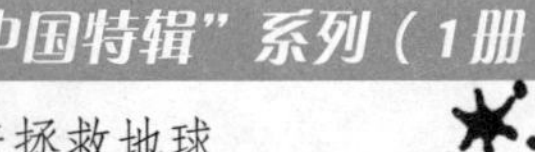